U0181303

爱上编程

给孩子的编程入门书

[日]才望子株式会社 / 著　[日]月刊读懂新闻 / 编　郭玉英 / 译

世界一わかりやすい!
プログラミング
のしくみ

浙江人民出版社

图书在版编目（CIP）数据

爱上编程：给孩子的编程入门书 / 日本才望子株式
会社著；日本月刊读懂新闻编；郭玉英译 . — 杭州：浙江人
民出版社，2021.7
ISBN 978-7-213-10046-8

Ⅰ . ①爱… Ⅱ . ①日… ②日… ③郭… Ⅲ . ①程序设
计—少儿读物 Ⅳ . ① TP311.1-49

中国版本图书馆 CIP 数据核字（2021）第 015076 号

浙江省版权局
著作权合同登记章
图字：11-2020-026 号

SEKAIICHI WAKARIYASUI ! PROGRAMMING NO SHIKUMI

by Cybozu, Inc. and edited by THE MAINICHI NEWSPAPERS
Copyright © 2018 Cybozu, Inc. and edited by THE MAINICHI NEWSPAPERS
Original Japanese edition published by Mainichi Shimbun Publishing Inc.
All rights reserved
Chinese (in simplified character only) translation copyright © 2021 by Zhejiang
People's Publishing House
Chinese (in simplified character only) translation rights arranged with
Mainichi Shimbun Publishing Inc. through Bardon–Chinese Media Agency, Taipei.

爱上编程：给孩子的编程入门书

［日］才望子株式会社　著　　［日］月刊读懂新闻　编　　郭玉英　译

出版发行：浙江人民出版社（杭州市体育场路347号　邮编　310006）
　　　　　市场部电话：（0571）85061682　85176516
责任编辑：毛江良
特约编辑：周海璐
营销编辑：陈雯怡　赵　娜　陈芊如
责任校对：杨　帆
责任印务：刘彭年
封面设计：北京红杉林文化发展有限公司
电脑制版：北京弘文励志文化传播有限公司
印　　刷：杭州丰源印刷有限公司
开　　本：710毫米×1000毫米　1/16　　印　张：8.5
字　　数：106千字
版　　次：2021年7月第1版　　　　　印　次：2021年7月第1次印刷
书　　号：ISBN 978-7-213-10046-8
定　　价：49.80元

如发现印装质量问题，影响阅读，请与市场部联系调换。

前　言

对现在的孩子来说，无论他们是否对身边的智能手机和 App 感兴趣，这些电子产品和程序都已经是"存在于生活中的事物"了。

从 2020 年开始，编程教育成为日本小学生的必修课之一。不过这并没有什么可担心的，当今世界 IT 无处不在，这正是我们通过编程来了解当今世界的绝佳机会。

在编程教育这门课中，熟知编程语言并不是最重要的，让孩子理解眼前的机器、软件和应用程序的运行机制，并且促使他们产生新的想法才是关键，比如，"这样做的话会变成这样""再这么改进一下会更好"，等等。因为只有怀揣这样的想法，才能在下一个时代创造出更为便利、更为有趣的事物。

本书以每日新闻社发行的月刊《读懂新闻》自 2017 年 1 月号开始连载的编程文章为基础，经过大篇幅的添加和修改后辑成。才望子是一家创立于 1997 年的软件公司，由该公司开发的一款协同办公软件仅在日本就有超过 6 万家公司正在使用，美国、中国、东南亚等国家和地区的海外客户也在不断增加。本书由才望子公司面向世界客户的、具有丰富软件开发经验的专业 IT 工程师编写，简明扼要地向大家讲解编程的基本内容。

本书探究了我们身边的智能手机等电子产品、电饭锅等智能家电、GPS 等应用系统的基本构造和运行原理，并配以精美的插图和简单易懂的文字进行说明。计算机带来的便利遍及我们日常生活的方方面面，我们可以很明显地感受到，如今，我们正处于一个被程序包围的世界中。

即使速度慢一点也没关系，请家长们务必陪伴孩子，一章一章、细细地品读这本书。

计算机原本是为了帮助我们人类而发明的。如果大家能以这本书为契机，花更多的时间与家人一起探讨更多的话题，诸如"后代生活的世界会有怎样的进步""创造出怎样的东西，才能使人们的生活变得更加轻松便利"，等等，我将感到莫大的荣幸。

才望子株式会社 董事长兼总经理　青野庆久

目　录

1

这明明是一本关于编程的书，为什么对编程语言的描述很少，而一直在说些杂事和教育理念呢？

我们认为，要做程序设计，首先需要知道计算机能做什么。因为程序是为了让计算机按照我们的意愿运作而设计的，所以首先我们需要向大家介绍计算机能做的事情。如果不知道计算机能做什么，人们就无法决定让它做什么，在这种情况下编写的程序往往不会很理想。但光是这样又有些乏味，所以我们在每章中都写了一些类似程序的东西。如果大家能发现，复杂的电脑程序实际上可以通过如此简单的动作组合来实现的话，我们会深感荣幸。

出场人物介绍

这本书从哪部分开始读都没有关系。如果觉得难，那你就跳过去，选自己喜欢的部分来读。真正开始编程的时候，说不定你就又想读被跳过的部分了。

"专业"先生
　　IT企业才望子的程序员，精通编程和计算机。才望子主要开发公司使用的、有助于团队协作的软件。

小家伙
　　住在计算机里的神秘生物。
　　接收到精确指令后，它会以飞快的速度完成任务，但只是被随随便便指派任务的话，它是什么都不会做的。

我最爱吃的食物是电流哦！

Q 我觉得这本书对机器（硬件）的说明占比比较高，这是为什么呢？

A 在利用机器使我们的生活变得更加方便的过程中，程序的确是非常重要的要素之一，但是重要的不仅仅是程序。首先我们需要理解物体的构造原理，然后根据构造原理去组装机器。程序正是为了让这些机器好好运转而编写的。

　　在我看来，构造原理才是最重要的。如果能一边感叹世间万物的精妙，一边理解其内在结构，必定能想出新的构造方法。我相信根据构造原理来编写程序，一定能成为优秀的程序员。在不太理解构造原理的状态下，虽说只按要求写程序也是可以的，但是那样的话，就不能以整体为目标提出改良方案，我觉得会很无趣。

第1章

"程序"是什么？

在我们的日常生活中，计算机是不可或缺的。

智能手机就是其中一种。

只要手持一部手机，无论你在哪里，都可以查看地图，也可以给朋友发信息、打电话，不管什么事都可以轻而易举地做到。

如此便利的智能手机，其实是通过程序来运作的。

那么，"程序"是什么呢？

它又是如何运作的呢？

你的心里是否有满满的疑惑？

"专业"先生，
IT 企业才望子的程序员，
将用浅显易懂的讲解，
为你开启编程之旅。

大大的 计算机和 小小的 智能手机

大型计算机

大型计算机是一种特殊的计算机，主要用于处理大量且复杂的运算，比如研究宇宙之谜、开发新型药品等，体型当然也超级庞大。

平板电脑

平板电脑薄而轻，大小介于电脑和智能手机之间。因屏幕较大，看视频、阅读都很合适。在学校里已开始普及。

智能手机

在传统手机上，加上大大的触摸屏就是智能手机啦。智能手机也属于计算机的一种，里面运行着多种程序。

电脑

供个人使用的计算机被称为电脑。分为放在桌子上的台式电脑和便于携带的笔记本电脑。

都是通过程序运作的！

事实上，用智能手机播放视频，也是通过程序来实现的。

我们可以想象手机里住着一群小家伙。它们的工作是按照"指令表"来执行的。这张"指令表"就是我们所说的"程序"。

只要我们触摸想看的视频，手机里的小家伙们就会按照视频App中的指令，请求远处视频服务器中的小家伙寻找这个视频。

一旦找到了视频，小家伙就会把这个视频播放给我们看啦。

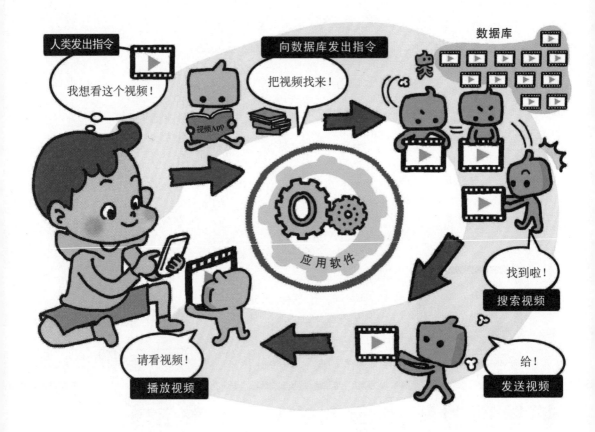

计算机的 program（程序）和运动会的 program（项目）*

大家经常能听到"运动会的项目"这种说法吧？在运动会的项目单上，会依次写有开幕式、体操表演、掷球等项目；计算机的程序也同样会按照顺序写着小家伙们该做的事情。

但是呢，计算机的程序里不止这些。"如果……那么就……"这样带有条件的指示非常多。

想想快餐的外包装，上面经常会写有"如果用锅加热需要 2 分钟""如果用微波炉加热需要 4 分钟"等详细的操作说明，人们会根据这个说明来加热食物，这些说明可以说是让人们进行操作的程序。

致家长朋友们：

【小家伙就是计算机内核的拟人化】

这里所说的"小家伙"就是计算机的核心运算处理装置（内核）的拟人化。"CPU"这个词相信大家都比较熟悉。CPU 就是中央处理器（central processing unit）。在过去，计算机内部只有一个内核，所以被这样称呼。在这本书里，不只中央处理器，所有运算处理装置都用小家伙来拟人化表示。

这些小家伙最大的本事就是"判断"——小家伙和周围的装置互换信息，计算并记忆，然后根据结果来判断下一步如何操作。

*在美式英语中，"程序"和"项目"写法相同，即"program"。

编程就是编写程序（指令表）的过程。要想让小家伙们正确执行命令，就需要有明确的指令。

将刚才的"如果用锅加热需要 2 分钟""如果用微波炉加热需要 4 分钟"的指令下达给小家伙们，就会比说明书复杂，我们利用下图展示整个的传达过程。

如果用锅加热，在"用锅加热 2 分钟"之前，我们需要先烧水；如果既没有锅又没有微波炉，我们就要放弃……就像这样，我们必须给小家伙们如此细致的指令才可以。

菜谱上往往会有一些含糊的表达，比如，"胡椒少许""用大火""到熟为止"，等等。少许是指多少克？大火是大到什么程度？如何判断有没有熟？小家伙不同于人类，比较死脑筋，这样含糊的指令会让它很为难。

⚙ 程序有专门的语言

前面也说过，小家伙不接受含糊的指令，必须得是明确的指令才能执行。

人类向人类发出指令时，需要使用人类的语言。但对小家伙发出明确的指令时，需要使用专门的语言——"编程语言"。当然也存在像 Scratch* 那样，用积木的组合来实现的编程语言。

在利用编程语言发出指令之前，发号施令的人类需要好好想清楚"我们希望小家伙做什么"。因此，我们先试着用语言表达一下"想要它为我们做什么"。用语言表达清楚，才是写好程序的第一步。在下一节，我们试试给小家伙发出"播放视频"的指令。虽说没有非常缜密的指令，小家伙是不会干活的，但至少让它能明白那么一点意思吧。

少许盐？

胡椒？生姜？

👥 致家长朋友们：

【编程语言诞生的历史】

最早的编程是通过操纵许多拨动式开关来改变或连接电路的。后来是在纸带上打孔，让机器读取。形成今天人类能够读取的、连成一行的"文字"是之后的事情了。

也就是说，为了让计算机按人类的意图去完成某种特定任务，人类需要一门计算机能听懂的语言，它就是编程语言；人类运用这种语言与计算机交流的过程就是编程。

今后，编程语言将会更加接近"人类日常使用的语言"。

比如，对着智能手机说"定时 3 分钟"，它就会在 3 分钟之后进行提示。这也是人类对小家伙发出指令的一种方式，从广义上说相当于编程。

*Scratch是麻省理工学院的"终身幼儿园团队"开发的一款简易图形化编程工具，主要面向青少年。

程序小教室

【视频播放 App】

01. 要求视频服务器提供视频列表；

02. 在画面上呈现视频列表；

03. 等待选择视频；

04. 向视频服务器要求播放选择的视频；

05. 等待点击播放按钮；

06. 重复执行第 07 ~ 10 行；

07.   如果点击停止按钮，就返回到第 05 行；

08.   如果无法接收数据信号，就继续等待；

09.   视频一秒一秒地播放；

10.   如果播放到最后，结束重复（跳到第 11 行）；

    （在此可返回至第 07 行进行重复执行）

11. 返回到最开始（返回至第 01 行）。

小结

不管是人类、机械还是计算机，都需要有让它们得以运作的指令。

给计算机发出的指令叫作"程序"。在用智能手机播放视频时也是程序在起作用。编写这个程序的过程叫作"编程"。

这本书会通过我们身边的例子来解释与编程相关的知识。学习过程中也许会出现一些相对复杂的内容，但还是希望我们能通过学习这本书让小家伙们动起来哦。

咔啦

致家长朋友们：

【关于"程序小教室"】

在第 8 页所写的程序并不是真正的编程语言，而是为了读者理解方便，用中文书写的指令。

以"如果"开头的行，是表示"判断"的指令。

第 07 行到第 10 行，每行被缩进，这只是程序员为了让重复范围更明显而已。对于小家伙来说无任何意义。尽管如此，为了方便读者阅读，本书还是会继续使用这种方法。

本讲使用了好几次"等待"命令。等待动作中包含重复和判断。比如，在等待视频被选出来的时候，"如果被选中的话就结束反复"这样的指令就会被重复执行。

虽然这里写着要一秒一秒地播放，但是实际的视频播放应用程序是用不一样的间隔时间来处理的。所以这个程序是虚构的，还望谅解。

第 11 行"返回到最开始"的表述，本来应该用重复命令来写。但是这样一来，循环就会变成双重的，作为第一个程序的例子，看起来就会更加复杂，故而未写。

第2章

电饭锅里也有
程序在运作？

　　大家家里一定有很多家用电器吧，比如冰箱、微波炉、电视机等。

　　事实上，所有的家用电器都是通过程序来运作的。就连电饭锅也是这样，只要一按电源，它就会自动焖出一锅香喷喷的米饭。

　　那么程序在哪里呢？

　　电饭锅中为什么要使用程序呢？

哔、哔、哔……

很多家用电器

微波炉

  通过传感器感知食品的温度，达到目标温度后，加热食品的电磁波就会停止。

电冰箱

  通过传感器感知冰箱内温度，启动或停止冷却装置以达到目标温度。

全自动洗衣烘干机

  通过传感器感知衣物的重量，显示洗涤剂的剂量和洗衣程序。根据洗衣程序及洗衣时间，控制洗涤桶的旋转方式、选择干燥衣物所需的风速和温度、停止等。

这就是微控制器！

电视机

  可以读取遥控器信息、开电源、转换频道、呈现影像。还可以按时间下载节目单等各种各样的信息。

都是通过程序运作的！

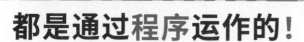

程序存在于叫作"微控制器"的电子器件当中。

从外观看，微控制器黑乎乎、四四方方的，还长着很多只金属做的脚，电流就是通过这些金属脚传递的。微控制器会借助电流，从传感器中的小家伙那里获取信息、向发热器中的小家伙发出指令。

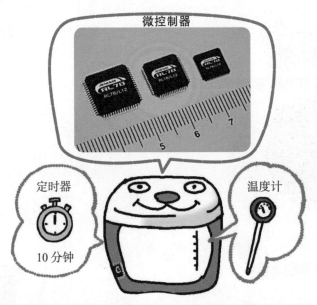

👫 **致家长朋友们：**

【关于微控制器的价格】

有一种叫作 Arduino 的微控制器开发套件，它由 Arduino 板和编程软件组成，可以通过 USB 连接电脑后实现程序的重写，价格大概在几千日元左右（约合人民币几十到几百元）。

使用 Arduino 的微控制器，比如 ATMEGA328P，在秋叶原花250 日元（约合人民币 16.5 元）就能买到，更便宜的甚至不到 100日元（约合人民币 6.6 元）。

（图片由瑞萨电子提供）

取代人类的微控制器

在过去，人类都是守着土灶台来调节火候的。

现在，电饭锅一通电，就能自动煮熟米饭，不需要人们一直盯着。但是，如果从头到尾都用同样的火候、熟了就自动切断电源的话，电饭锅是煮不出好吃的米饭的。所以人们就在电饭锅里嵌入了微控制器，微控制器里的小家伙会取代人类来调节火候，煮出香喷喷的米饭。

过去的土灶台煮饭

土灶台煮饭

这火候差不多足够大了吧？

烹饪美味的诀窍

一开始要刺溜刺溜的中火；
中间要呼哧呼哧的大火；
孩子哭了也不要掀盖子（继续蒸）。

最初的电饭锅

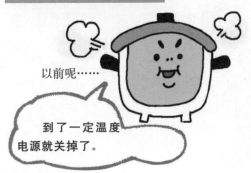

以前呢……

到了一定温度电源就关掉了。

虽说是自动煮好了，但还是以前的好吃……

前微控制器时代的条件判断

在没有微控制器的时代，人们利用吸铁石来进行条件判断。米饭煮熟，水分减少，温度就会升高，而吸铁石一旦升温，吸力就会变小，只要把吸铁石和弹簧组合起来，一变热，开关就会自动关闭。

没有微控制器时代的开关

弹簧张力

吸铁石

铁

开

弹簧张力

吸铁石

铁

关

米饭煮好、水都烧干的时候，电饭锅内温度会超过100摄氏度，这时吸铁石的吸力就会减弱。

远超人类的工作能力

使用土灶台煮饭，火候和时间的把握会因人而异，再加上每天气温的不同，米饭的味道多少都会有些偏差。

但是，利用程序和传感器来运作的电饭锅能比人类更准确地控制温度。所以，即使气温和烹饪的人变了，每次也都能煮出同样美味的饭。

人类不学习方法和诀窍，许多工作就无法胜任。而被编入了程序的微控制器，从一开始就知道很多东西，所以工作能力远远超越人类。

> 如果安装了微控制器，微控制器中的小家伙们就能替代人类实践美味烹饪的诀窍，煮出更好吃的米饭啦。

致家长朋友们：

【"借助电流交换信息"是通过电压的变化实现的】

为了便于理解，前文写了"微控制器借助电流获取信息和发出指令"。但准确地说，微控制器应该是通过电压的变化来实现信息交换的。

微控制器中的晶体管有三只脚，如果给特定的脚施加较高电压，其余两只脚之间的电流就容易流动。这样，这两只脚之间的电压就会比较接近，这时只要提高其中一只脚的输入电压，就能提高另一只脚的输出电压。这样就避免了"在输入电压较高时降低输出电压"，而实现"只要两个输入电压都较高，就能提高输出电压"的逻辑电路。微控制器通过组合类似的逻辑电路，来实现"执行程序"的高级功能。

程序小教室

【电饭锅的程序】

01. 重复执行第 02 ～ 08 行；

02. 如果按终止按钮，就终止重复执行（跳到第 09 行）；

03. 询问定时器中的小家伙，从开始煮饭已经经过了几分钟；

04. 如果已经到了结束时间，就终止重复执行（跳到第 09 行）；

05. 从表格中寻找此时的理想温度；

06. 向温度计中的小家伙询问锅中的温度；

07. 如果温度低于理想温度，则升高加热器温度；

08. 如果温度高于理想温度，则降低加热器温度；（此时返回到第 02 行，并重复执行）

09. 加热器的输出功率调为零；

10. 发出"哔——"的声音。

程序存在于小小的黑色微控制器中。

程序可以取代人类来监测温度和时间，进而判断需要升高温度还是降低温度。

在程序当中存在很多的"如果"，这就是判断。

所有的程序中都存在大量的"如果"。

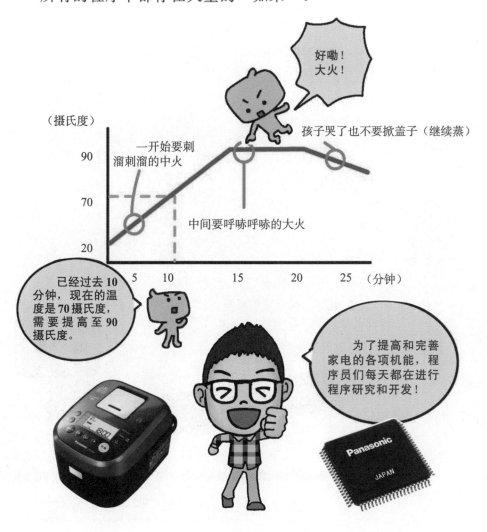

好嘞！
大火！

孩子哭了也不要掀盖子（继续蒸）

一开始要刺溜刺溜的中火

（摄氏度）

90

70

20

中间要呼哧呼哧的大火

5   10   15   20   25   （分钟）

已经过去10分钟，现在的温度是70摄氏度，需要提高至90摄氏度。

为了提高和完善家电的各项机能，程序员们每天都在进行程序研究和开发！

第 **3** 章

商店的大功臣！
收银机里的程序

　　24 小时便利店里陈列着种类多样的商品，我们可以在任何时间买到想要的东西。在这看似很平常的事情中，便利店内装有程序的收银机起到了很大的作用。

　　接下来，我们来了解一下支撑店铺运作的收银机里的程序吧。

算盘

　　大家见过算盘吗？这是江户时代，在寺子屋和私塾中使用的算术工具，也是在民间普及的计算辅助工具。

我们来帮忙！

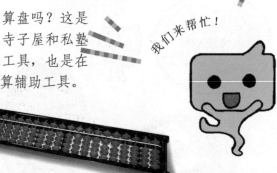

24 小时便利店也倚仗

条形码扫描器

扫描器读取商品上的条形码后，传给收银机中的小家伙。如果不能正确读取条形码，店员就会手动输入。

显示屏

小家伙计算好总金额后，就会显示在显示屏上。店员输入支付金额之后，小家伙就会马上计算出找零金额。

（图片由日本 7-11 提供）

键盘

读取条形码之后，按下按键，收银机中的小家伙就会计算出总的消费金额。

收银机也有各种各样的机型，我们可以到店里去看一看哦！

小家伙的强大功能呢！

输入和计算，都交给小家伙们吧

　　以前是看着商品上的价格标签，用算盘或手动输入到老式收银机里来计算。条码收银机出现后，就不需要人类来计算或者输入价格了。

　　人们只要扫描商品上的条形码就可以了。条形码上写有商品的编码，条码收银机中的小家伙们会先读取收银机中的价格表，再根据编码查询商品的价格，最后计算出总金额。

商品条形码上写的不是价格，而是商品编号。

所以，店里即便调整了价格，也不需要更换条形码。

图书或杂志很少有调价的情况，所以比较特殊，它们的条形码上都标注有价格。我们可以看一下图书的背面。

为了让机器更容易读取，人们规定条形码必须是白底黑字。我们可以观察一下家里有的商品，很有趣呢。

条形码上是没有价格的哦。

最常见的 13 位数字的条形码

国别码

商家代码

商家代码

校验码

识读商品条形码

一般的 13 位数字条形码，其头、尾和正中央都有一组双重线，将条形码分为前后两个部分。

后半部分比较容易识读，我们一起来挑战一下。

也有 8 位数字的条形码哦。

如下图，所有的线型都由黑色开始，以白色结束。例如，线型排列顺序如果是黑粗、白中、黑细，那么就代表 0；如果是黑中、白细、黑中，那么就代表 2。

4 333333 123456
└──前半部分──┘ └──后半部分──┘

致家长朋友们：

【商品条形码的构成】

如果对商品条形码的整体识读感兴趣，可以搜索"ENA-13 条形码结构"查找相关信息。

商品条形码前半部分的识读相对来说有些难度。前后两部分虽然尺寸相同，前半部分却比后半部分多出 1 个数字，需要体现 7 个数字的信息。当然这是经过非常巧妙的技术处理才得以实现的。

前后两部分都是每 7 个模块表示一个字符。不同的是，前半部分的 6 个数字（除第一个数字外）有两张完全不同的模块—字符对应表，也就是说，这 6 个数字有两种表示方法。根据编码规则，第一个数字不进行编码，但它的值可以确定第二到第七位数使用哪张模块—字符表，我们可以按表格找出它们分别是什么。因此，第一个数字总是被写在条形码最左侧的空白区域。

你不擅长的事，小家伙们帮你做

刚开始从事收银工作的员工常会有因为不知道商品的价格而耽误时间的情况，比如面包店里的商品常没有条形码。

如果所有的商品都贴上条形码的话，人类就不需要记忆商品的价格了。

如果只按固定价格，那么把所有的商品贴上价格标签就可以了。但是，一旦复杂的规则多起来，比如批量购买需要折扣、关门前的限时促销等，这时要想做到按标签上的原价来计算消费金额而不出错，对人类来讲就太难了。

不同于人类，小家伙们非常擅长按照规则干活。它们永远不会觉得累，即便工作一整天也不会有任何疏漏。

了不起的收银机

了不起的收银机可以自动数钱和找零。

还有些收银机不需要现金，直接刷卡就能买东西。

甚至还出现了由顾客自己扫码、自己付钱的"自助收银机"。多亏小家伙们的帮忙，我们不需要学习就可以用收银机结算啦。

你需要的信息，小家伙们都给你

小家伙们不止能计算商品的价格，通过扫描条形码，像卖了哪些商品、什么时候卖的这些信息，它们全都能记得一清二楚，厉害着呢。

有些店铺，甚至会让小家伙们把客人的性别、年龄等信息都一起记住。一天结束，小家伙们还会计算出当天的营业额，然后店主会据此来考虑需要进哪些商品。

程序小教室

【收银机的程序】

01. 重复执行第 02 ～ 08 行；
02.   如果按"结算"按钮，就终止重复执行（跳到第 09 行）；①
03.   通过条形码扫描器读取 13 位数字；
04.   从"价格表"里寻找这个 13 位数字；
05.   如果找不到，发出"咘"的声音后返回到第 02 行重新开始；
06.   发出"哔"的声音（表示已正确读取）；
07.   从"价格表"中读取价格并打印在小票上；②
08.   在"营业额登记表"上记录 13 位数字和现在的日期和时间；③（此时返回到第 02 行，并重复执行）
09. 计算消费金额；
10. 输入支付金额；
11. 通过减法计算找零金额；
12. 在小票上打印消费金额、支付金额和找零金额；
13. 记录在"收银登记表"中；
14. 如果按"初始键"按钮就返回到最开始。（返回到第 01 行）④

【补充说明】
① 不同的收银机，按键的名称可能不同。
② 此程序中没有涉及降价的处理方法。如果是特卖日，那么需要事先调低价格表中的价格。
③ 此程序中没有关于库存管理的内容。之后可以通过"营业额登记表"得知库存情况。
④ 有的收银机只要关上抽屉就会返回到最开始状态。

小结

计算机可以代替人类做很多事情，"计算"就是其中之一。

超市的收银机就是会计算的计算机。条码收银机中的小家伙通过条形码查询价格，一瞬间就能计算出总消费金额。

商品条形码是按照一定的规则生成的商品编码，包含很多信息，小家伙们正是通过运算这些信息才让便利店得以顺利运行的。

第**4**章

智能手机中的
小家伙们

这一章，我们来说说智能手机。

智能手机是我们熟知的计算机之一。

它可以发邮件、拍照片等，能够做很多事情。

手机中住着各种各样的小家伙，它们按照各种各样的程序工作着。

我们先来了解一下智能手机由哪些部件组成，然后再了解一下它们各自的性能。

在本章中，会出现 CPU 这一词汇。它会对智能手机发出指令，相当于大脑。接下来，我会浅显易懂地进行讲解。

许许多多的小家伙们

iPhone 3G

在日本首次发售的智能手机是 iPhone 3G。和现在的最新智能手机相比，虽说其功能落后很多，但还是震惊一时的。

2008 年

处理器	ARM 1176JZ(F)–S	NFC	——
屏幕	3.5 英寸 TFT LCD	防水防尘	——
屏幕分辨率	320 × 480（像素）	电池	2G 通话 10 小时
生物识别	——	重量	133 g
内置存储	8/16 GB	尺寸	115.5 mm×62.1 mm×12.3 mm

iPhone X

iPhone X 和 iPhone 3G 相比，性能方面有很大的改进。iPhone 3G 的 CPU 中有一个小家伙在工作，而 iPhone X 的 CPU 中有 6 个小家伙在工作。

2017 年

处理器	A11 Bionic+ 集成 M11 运动协处理器	NFC	支持读取模式 支持 FeliCa
屏幕	5.8 英寸 OLED	防水防尘	IP67（耐尘防浸型）
屏幕分辨率	2436×1125（像素）	电池	支持通话 21 小时
生物识别	Face ID	重量	174 g
内置存储	64/256 GB	尺寸	143.6 mm×70.9 mm×7.7 mm

都在参与智能手机的运作！

CPU——智能手机的"大脑"

CPU

我们被称为智能手机的大脑。这是我们"司令部"工作的地方哦。

在第 1 章中，我们已经说过小家伙们是通过读取"指令表"进行工作的。

大家使用手机应用软件时，CPU 中的小家伙会从书架（存储器）上取下"指令表"，一边读一边工作。

小家伙 1 秒钟可以计算 22 亿次！厉害！

CPU 的性能指标是时钟频率。比如，某智能手机 * 的性能表写着"2.2GHz+1.8GHz、8 核"，意思就是说，CPU 里面同时有 1 秒钟能够计算 22 亿次的小家伙和 1 秒钟能够计算 18 亿次的小家伙。GHz 是代表"每秒 10 亿次"的单位；8 核说明里面住着 8 个小家伙。

* 这款手机是夏普的 AQUOS R COMPACT SH-M06。

来看看性能表

GHz= 每秒 10 亿次

如果性能表中写着 2.2GHz+1.8GHz……

我每秒可以计算 22 亿次。

我每秒可以计算 18 亿次。

8 核表示……有 8 个小家伙。

致家长朋友们：

【iPhone X 中的 A11 Bionic 处理器】

试着深入分析一下 A11 Bionic 处理器。首先，它有两个计算速度很快的核和四个计算速度慢但是比较省电的核。它可以根据电池的剩余电量转换核，使手机的使用时间更长。

这 6 个核可以根据"指令表"处理各种工作，并且有负责特殊用途的核，比如有 3 个专门处理图形的核可以旋转图形、把三维数据转化成二维图像等。如果拿小家伙举例，就是这 3 个小家伙虽然只能从事特定的工作，但是相对于通用的小家伙，它们在专业上表现更好。

此外，还有"运动协处理器"和"神经引擎"，它们分别与加速传感器和面部识别相关联，都被塞在一个黑色正方形的芯片中，这就是 A11 Bionic 处理器。

内存——CPU 中小家伙的"工作台"

CPU 中的小家伙们是将"指令表"放到"工作台"（内存）进行工作的。

不仅是"指令表"，所有暂时使用的数据全都是放在"工作台"上进行处理的。

所以，如果"工作台"太小，在处理过程中被堆满了，小家伙们就无法继续执行程序，导致程序异常终止。

在有些规格表中，用"RAM"来表示内存的大小。

比如"3 GB"，就表示它可以容纳 30 亿个纯英文或数字，或是 10 亿个汉字。

如果储存的是音乐，以 CD 音质为标准，它大约可以容纳时长 50 小时的歌曲。

存储器——保管指令表和数据的"书架"

小家伙们的"指令表"、大家在手机里保存的照片和视频等都被整理收纳在"书架"（存储器）里。

电源一切断，放在工作台上正在处理的东西就会不见，不过放在书架上的东西不会受影响哦。

只是，取出或者放入"书"的过程，会比直接看工作台上的"书"花费更多时间。所以工作台和书架是分开使用的。

在有些规格表中，也用"容量"或"ROM"表示存储器的大小。比如我们经常看到 U 盘上标着的"32 GB"或"64 GB"，数字越大，就表示它可以保存的数据越多。

内存

这是暂时放置书本的工作台。

存储器

这是收纳各种程序、照片、邮件等的书架。

 致家长朋友们：

【RAM 和 ROM】

　　世界上也有将内存称为 ROM、将存储器称为 RAM 的网站，所以我们作为家长，必须再补充一些知识。

　　RAM 是 random access memory（可被随机读写的内存）的缩写，ROM 是 read-only memory（只可读取不可写入的内存）的缩写。但是，现在手机上搭载的内存和存储器都能读写任意位置。这些用语是 1950 年左右使用的旧词，对于现代的手机来说并不能将它们限制于字面意思。

　　不过，称智能手机存储器为 ROM 并不是错误的。1956 年出现了只能写入一次的可编程 ROM（Programmable ROM，简称 PROM）；1971 年出现了通过照射强紫外线，能够进行多次擦除和重写的可编程 ROM（Erasable Programmable ROM，简称 EPROM）。1983 年出现了可以用电信号擦除和写入的 ROM（Electrically Erasable Programmable ROM，简称 EEPROM）。这个 EEPROM 正是现在的智能手机存储器和 U 盘的原型。

　　ROM 的含义，在过去的 60 多年时间里逐渐变化，现在它也被用来指代可写入的内存了。

触摸屏——感受你的触碰

触摸屏可根据电池积蓄能量的变化，来确认现在我们在触摸画面的哪部分。

触摸屏上有很多我们看不见的透明电极。手指放在电极的旁边，电极会积蓄比平时更多的电量。

触摸面板里的小家伙会根据发生变化的电极在哪儿，来推测手指在触摸什么地方，并把这个信息告诉 CPU。

性能好的触摸屏电极非常细小，不仅能够分辨手指位置的细微变化，还可以分辨同时接触的多个手指。哪怕手指移动的速度很快，电极的反应也会非常及时。这就是不同触摸屏之间的性能差异所在。

画面——小小灯撑起大世界

屏幕上排列着很多小灯泡，这里的小家伙们按照 CPU 的指示将灯打开或关闭。

"分辨率高"是指灯的数量多；"高清晰画面"是指每只灯发出的灯光照射的面积小。灯的数量越多，每只灯照射面积越小，呈现出来的图像锯齿就越不显眼，画面也就越清晰、美观。

iPhone X 的灯只有约 0.06 毫米大，每厘米能排列 158 个灯。

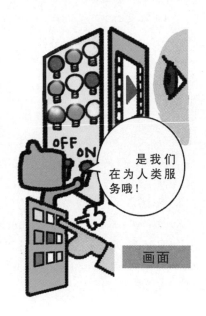

OFF ON

是我们在为人类服务哦！

画面

手机画面上的每个点（即像素）均由红、绿、蓝 3 个灯构成。虽然可以细致地指定每个灯的亮度，但颜色毕竟只有 3 种。而我们的手机画面，除了红、绿、蓝以外，还有黄色、白色之类的颜色，这是因为我们看到的是灯与灯之间混合起来的颜色。

把红光和绿光混在一起，人的眼睛就能看到黄光；把红、绿、蓝全混在一起，就能看到白光。

画面上的任何颜色都是由这 3 种颜色的光按各种比例混合而成的，好厉害啊！

👥 **致家长朋友们：**

【"色彩三原色"和"光学三原色"】

"画面上的任何颜色都是由这 3 种颜色的光按各种比例混合而成的"，对于大部分画面而言这确实是事实，但这并不意味着所有画面的任何颜色的光都是由三原色的光混合而成的。

让三原色混合呈现出鲜艳的黄色或浅蓝色还是非常不容易的。因此，有一部分厂家会通过在屏幕中增加黄色灯等方法来弥补这一问题。

📷 电板——小家伙们的"食品库"

　　小家伙们是一边吃着"食品库"（电板）里的"米饭"（电）一边工作的。小家伙们没有饭可吃是无法工作的。

　　小家伙们努力工作的时候会吃很多饭。所以当我们在使用视频和游戏等需要它们进行大量工作的应用程序时，手机的电量很快就会耗尽。

电板

这是我们的食品库哦！大家吃的"米饭"都从这里来。

　　小家伙工作时产生的热量会让手机的温度升高，但是小家伙们可是很怕热的，如果温度太高，它们可能会做出奇怪的举动。所以当手机变热时，我们就让它稍微休息一下吧。

　　当剩余电量不多时，在电池里工作的小家伙们会把"剩下的电不多了，节约点用"这个消息及时地传达给CPU。

📷 通信装置——用电波交流

　　智能手机能够使用互联网，多亏了通信装置。通信装置里的小家伙是用电波与基站的天线交换文字、声音和视频信息的。使用电波的通信方法有好几种，比如Wi-Fi、4G、蓝牙等。

　　通信方法不同，连接的难易程度和通信速度也不同。根据通信方法的特征，我们可以将其分为能在广泛的范围内使用的类型、高速移动中也能使用的类型等。

我既能够接收数据，也能发送数据。

通信装置

CPU

我擅长投接球，所以我很会投递数据哦！

千兆字节有多大？

1000 万亿字节 =1 万亿千字节 =10 亿兆字节
=100 万千兆字节 =1000 太字节 =1 拍字节
PB

1 万亿字节 =10 亿千字节 =100 万兆
字节 =1000 千兆字节 =1 太字节
TB

手机内存（例如 64 G）
在这一带

10 亿字节 =100 万千字节 =1000
兆字节 =1 千兆字节
GB

一小时电影（例如 0.3–10
GB，存在画质差异）

CD（例如 650–700 MB）

用手机拍的照片
（例如 1.4 MB）

100 万字节 =1000 千字节 =1 兆字节
MB

400 字文稿（例如 1200 字节）

1000 字节 =1 千字节
KB

信息的大小

8位：●●●●○○●●○

3 字节　一个汉字（例如："汉"）

1位：○ 或 ●

8 位 =1 字节　字母表的一个字母（例如："A"）

致家长朋友们：

【"千"到底是 1000 还是 1024？】

　　"1 千字节"中的"千"一字可指 1000，也可指 1024。1024
是 2 的十次方，对于使用二进制的计算机，它是个"正好的数"。

　　根据电子工程设计发展联合会议（JEDEC）制定的标准，1 千
字节为 1024 字节。我们经常用"千"来表示 1024。但另一方面，
国际单位制规定"千"为 1000，例如 1 千米就是 1000 米。

　　"千"的多个意义在使用时会导致混乱，因此国际标准化组织
（International Organization for Standardization，简称 ISO）建议将
"千字节"统称为 KB。

程序小教室

【简单的绘画应用程序】

01. 从画面左上像素到右下像素重复执行第 02 行；

02.   像素灯中红、绿、蓝全部都开到最亮；①

03. 重复执行第 04 ~ 06 行；

04.   等待手指触摸画面；

05.   让触摸屏里的小家伙报告被触摸的地方在哪儿；

06.   把那个地方的像素灯全部关掉（在这里返回第 04 行重复执行）。②③④

【补充说明】

① 反复操作结束后画面会变成一片雪白（红、绿、蓝色的光混合得到白光）。

② 关掉全部颜色的灯后，像素会变成黑色。

③ 一边触摸一边移动手指的话，会画出一条线。

④ 在这个程序中，每触摸一次只有 1 个像素会变成黑色，线可能会过细，所以像画圆圈一样把周边的像素也变成黑色可能更方便。

智能手机虽小，但五脏俱全。手机里面的小家伙们有着各种各样的工作，画面、触摸屏、通信装置中的小家伙都在自己的岗位上勤奋地干活呢。

小家伙的性能用时钟频率来衡量，值越大，代表它的性能越好。

小家伙工作用的"工作台"和储存信息的"书架"的性能也是数值越大越好。现在的你一定能理解了吧！

第 **5** 章

点它就可以回到过去！

小家伙们非常擅长自动保存，利用这个特性，我们可以实现"即使失败，也可以当作什么都没发生过"。

这可是一个非常了不起的功能。

有了它，人们就不必再畏惧在尝试中失败。这种功能包括绘画软件的undo（撤销）、redo（重做）、文件的自动保存、写程序时用的版本管理系统等等。

本章我们就来介绍这些内容。

撤销和备份

绘画 App

绘画 App 是一类可以绘制图画的应用软件，如果没画好，还可以撤销，充分发挥了小家伙们的特性。

绘画 App "ibisPaint X"

对应操作系统：iOS 8、Andriod 4.1 版本以上。

撤销 & 重新绘制

与绘画工具、勾线笔等不同，在绘画 App 上，即使画错了线，也可以通过点击①撤销键复原；点击②重做键还可以找回被撤销的操作。而现实中的绘画工具是没有这些功能的。不同的 App，undo 键的形状会稍有不同。

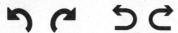

是小家伙们的独门绝技！

🤖 Undo 的强大功能

　　大家有没有在绘画 App 上撤销过刚刚画的东西呢？实际上这是计算机的一个重要功能。

　　所谓的 undo 功能就是可以对上一步操作进行取消的功能。

　　用画笔画画时，总会有不小心画错的情况。如果是在纸上，那么全部都得重新画。而计算机是可以自动保存的，只要使用绘画 App 的 undo 键，就可以恢复到画错之前的状态，不需要从头再画。

　　Undo 功能不只限于绘画软件，很多软件都具备这个功能，请你找一找吧。

🔍 不用害怕出错

即使出错，也可恢复原状。这让人们不再畏惧失误，可以在非常放松的状态下画画。

让人可以当作没有失误过，重新再来，这可真是个了不起的功能呀。

也许很多人因为怕出错，所以觉得不尝试为好，而使用计算机画画的话，即使出错，往往也可以轻松复原。所以别害怕出错，大胆地尝试吧。在不断的尝试当中，通过各种失败，你会画得越来越好。

也存在 undo 不能复原的东西

也存在 undo 不能复原的东西。了解什么东西能复原、什么东西不能复原，是很重要的。

比如，我们不小心在网络上公开了自己的私人照片，如果看到的人不断复制，这就无法删除了。

如果你实名说了一些不该说的话，等你十年后长大成人，也许会有人通过姓名检索到当时你说过的话哦。

所以，当你需要在网络等公共平台上发布个人信息时，一定要事先和家里人商量。

📷 把旧的东西留起来

即便没有 undo 功能，我们也要好好保存旧的数据，这样可以在出现意外的时候及时"复活"。

比如说，用电脑做暑假作业——写日记。虽然我们用的文字处理软件有 undo 功能，但是如果保存后关闭了软件，就无法恢复原状了。

假如在暑假的最后一天，一不小心把日记全部删掉且保存后关闭了软件，那就糟糕透了。

但是，如果能做到在每天睡觉前，都把文件复制、备注好日期（例如"0830-暑假日记"）并保存，即便 31 日出现什么问题，也是没关系的。

这就叫作备份，类似于游戏中的存档。

⚙ 备份文件要放在不同的地方

备份文件最好保存在不同的地方。假如都保存在同一电脑里，暑假的最后一天，你不小心把茶水洒在了电脑上，那电脑就有可能坏掉，你的文件也可能就丢失了。

同样的，如果只备份在同一个地方，地震等自然灾害也可能导致数据一齐丢失。

就拿我们的公司才望子来说，我们把客户信息备份后分别放在了东日本和西日本两个地方。就算其中一个信息保管所发生了灾害，也不用担心数据丢失。

🔍 自动备份

自己给文件取名、保存，定期备份到其他地方，好像有点麻烦。

而如今，能够自动备份文件的软件和网络服务给我们提供了便利。

保存在电脑里的东西，可以通过网络自动备份到其他客户端。

如果想找回以前的文档，还可以查看"版本履历"，选择想找回的版本。

绘画软件也是一样的，每画一条线都在自动保存。所以我一按 undo 键，就会返回到前一个版本。但是一旦关闭软件，履历消失的可能性就比较大，大家要格外小心。

📽 浏览器的返回键并不是 undo

浏览器的返回键和把错误撤销的 undo 键非常相似，但返回键并不能撤销前一次操作。

比如网购的时候，点击购买键后发现买错了东西，这个时候即便按返回键，也只能回到先前的页面，无法对购买的商品进行退货，因为返回键不是 "undo"，而是 "back"。所以，回到前一页的返回键和绘画软件的 undo 键，在功能和意义上都是不同的。

给你

咦？我明明按了返回键呀！

没有撤销键吗？

⚙ 版本管理系统

即便是"专业"先生，在写程序的时候也经常会出错。

自认为写的程序没什么问题，结果进行了各种各样的改写之后才察觉到错误，这时就不得不恢复到原状重新开始了。

因此，"专业"先生会在合适的时候向小家伙发出备份指令。这里的备份不是指自动备份，而是明确地发出指令。备份时可以附加更改说明，以便以后查看。这种备份和附加说明的机制叫作版本管理系统。

"专业"先生常用的版本管理系统在全世界有 2000 万个用户和 5700 万个项目，很多很多人都在用呢。

👥 致家长朋友们：

【版本管理系统的功能】

版本管理系统可以制作分支，分成若干分支后，就可以实现多人同时制作一个东西，比较方便。

为了在出错的时候能小范围使用 undo，程序员会以小范围进行备份。但是，程序中各个部件之间有着复杂的影响，所以很可能出现改动一个地方、其他地方就不能正常运作的情况。特别是多人写程序的时候，如果自己工作的时候因为别人的变更而导致程序无法运转，就会误认为是自己的变更造成的混乱。自己虽然想多做些备份，但又不希望别人的备份影响到自己的程序。

因此，在修正的时候，可以复制现在的最新版本，制作新的分支，在这个分支里只有自己能一边做备份一边工作，工作告一段落后，再与主干汇合。

版本管理系有分支管理功能、合并分支功能，还有为了高效保管文件、只保存变更后版本的差分功能。

上一页的"自动备份"是以 Dropbox 为原型写的。另外，"'专业'先生常用的版本管理系统"是指 GitHub。才望子产品的源代码也是由 GitHub 来管理的。

程序小教室

【绘画应用程序】

01. 对画板的所有像素重复执行第 02 行；

02.　　使像素颜色为白；

03. 重复执行第 04 ～ 11 行；

04.　　如果触摸屏幕；

05.　　　　那么被触碰到的像素颜色变为黑色；

06.　　给画面编上号码并保存；

07.　　再次保存时，使用在这个号码上 +1 的
　　　号码；

08.　　如果触摸 undo 键；

09.　　　　就会显示前一个号码的画面；

10.　　如果触摸 redo 键；

11.　　　　就会显示后一个号码的画面。

　　　（在此返回到第 04 行进行重复执行）

小 结

大家都清楚 undo 的功能有多厉害了吧。

我们即使出了错，因为有"可以当作什么都没发生"的功能，所以根本不需要害怕失误。

就算无法使用 undo，只要把以前的数据保存好，出现万一就可以使其"复活"，这叫作备份。"专业"先生在工作时使用的版本管理系统也是基于这个原理。

但是，需要注意的是，有些信息可以找回来，而有些是不可以的哦。

运用正确的知识去玩耍是非常开心的事情，但是也要小心谨慎哦！

第6章

连接世界的
互联网

互联网最早是为了交换信息，而用光缆将各个电脑连接起来而建成的。

因为非常方便，所以越来越多的人把电脑连接进来，然后大家的电脑就像现在这样通过网络连接在了一起。

小家伙用号码

计算机中的小家伙在和其他的计算机通信时，是通过一种叫"IP 地址"的号码来识别对方的。

通过 IP 地址来确定对方是谁，这听起来有点像电话号码。

但 IP 地址和电话号码不同，它由四个 0 到 255 之间的数字组成，中间用点连起来。

比如每日新闻公司计算机的 IP 地址是 54.230.108.99。

才望子公司的 IP 地址是 103.79.14.42。

每日新闻社

每日新闻公司网站

【地址】

东京都千代田区一桥 1-1-1

【电话】

03-3212-0321（代表）

【主页网址】

www.mainichi.co.jp

【IP 地址】

54.230.108.99

区别计算机！

号码太难理解了，还是取个名字吧

像这样只有数字的号码，对人来说要记住它们实在是太困难了！为此，我们给它们取了一种简单易懂的名字，这就是域名。

比如，每日新闻公司的域名就是"www.mainichi.co.jp"，才望子公司的域名则是"www.cybozu.co.jp"，这样我们就能一眼看出这是每日新闻还是才望子了。

可是小家伙们在通信时使用的并不是域名，而是 IP 地址。

所以，当你对小家伙说"显示www.mainichi.co.jp"时，小家伙要先调查这个域名的 IP 地址，然后才能进行通信连接。

这就像先在电话簿里找到电话号码，再打电话一样。这个查找的过程要用到域名系统（domain name system，简称 DNS）。

致家长朋友们：

【IPv4 和 IPv6】

这里为了使说明简单易懂，只介绍了每日新闻公司使用的其中一个 IP 地址，但为了分散数据的负载，实际上每日新闻公司会同时使用多个 IP 地址。

像这样用四个数值来排列组合，一共可以组合出 43 亿个 IP 地址。但随着越来越多的人开始使用电脑，有人提出质疑，说这样排列的网址数量是否会不够用。也许在 1981 年，这种 IP 地址（IPv4）的组成法刚刚被设计出来的时候，人们并没有预想到电脑的使用会像今天这样普吧。

取而代之的是新的 IP 地址组成法——IPv6，它在 1999 年开始被使用。这种组成法有 340 万亿的一万亿倍的一万亿倍种排列组合。但是，新组成法生成的 IP 和现在主流下 IPv4 所生成的 IP 之间没有互通性，因此新组成法就没有再被向前推进了。

🎡 域名的组成

无论是"www.mainichi.co.jp"还是"www.cybozu.co.jp"，都是以"co.jp"结尾的。

"jp"是指日本（Japan），"co.jp"是指日本的公司。

经济产业省的域名是"www.meti.go.jp"，文部科学省的域名是"www.mext.go.jp"，这里的"go.jp"是指日本的政府机关。东京大学的域名是"www.u-tokyo.ac.jp"，"ac.jp"是指日本的学校。

我们来看看日本以外的域名吧。网购公司亚马逊的日本域名是"www.amazon.co.jp"，它的中国域名是"www.amazon.cn"，英国域名是"www.amazon.co.uk"，德国域名是"www.amazon.de"。

浏览其他国家的商品时，我们会发现有很多在日本从来没有见过的商品，还能看到日本的漫画被翻译成其他语言在售卖，这真有意思。互联网就这样连接着全世界，让我们能看到世界各地不同的风采。

👫 致家长朋友们：

【高级域名和日语域名】

在这里介绍的".jp"".cn"".uk"".de"等等被叫作高级域名。

上文介绍了能够区分国别的高级域名，实际上还有".com"这种谁都能使用的域名。其实才望子公司也有"cybozu.com"这个域名。除了上面介绍的完全由字母组成的域名，还有带汉字的域名，比如每日新闻公司的"每日.jp"。这个域名其实是由"xn--wgv94k.jp"这个域名链接而来的，因此，直接输入"xn--wgv94k.jp"也可以直接跳转到每日新闻公司的主页。

路由器的工作

我想，大家在家里联网时，应该都会用到一个叫作"路由器"的装置吧。让我们来看看路由器里面的小家伙究竟做着什么样的工作吧。

假设，你买了一台新的手机，回来后开启电源，这时候这台手机的 IP 地址还没有被确定，想要确定 IP 地址就必须让手机里的小家伙和互联网连上。那么，手机的 IP 地址到底是怎样确定的呢？

实际上，在手机打开无线网设定并连上路由器的时候，路由器里的小家伙就会把已经确定的 IP 地址告诉手机里的小家伙。

手机里的小家伙会把自己做不了的事情全部交给路由器里的小家伙来完成，比如把域名转换成 IP 地址。

路由器里的小家伙要是有自己做不到的事情，它也会向互联网上别的服务器里的小家伙寻求帮助。

路由选择

电子邮件和视频之类的数据是通过一种叫作"数据包"的小单位打包起来，再分别送给各自的收信人，就像我们寄快递一样。

路由器里的小家伙就做着"分派快递"的工作，这个过程叫作"路由选择"。比如手机里的小家伙把一个写着"请把这个视频发给服务器 C"的包裹递了过来，如果路由器里的小家伙看到是熟悉的收信人，就可以对照着收信人的号码把这个包裹送过去啦；如果收到了服务器给手机端送来的视频小包裹，路由器里的小家伙就会直接将包裹送给手机。

如果收信人是陌生的号码，路由器里的小家伙就会把包裹送给其他可能知道这个号码的路由器小家伙，并和它说"拜托，请帮我把这个送一下"。可能在你看来这样的做法有些不负责任，但是为了找到准确的投递目的地，网络工程师就是这么设定来保证这个过程不会出错的，好厉害啊！

【手机 A 向服务器 C 请求发视频过来】

【手机 A 把视频送给服务器 C】

世界通过线连在一起

　　使用互联网的话，即使在日本，你也可以和中国、英国、德国的小家伙联络上。但是，究竟是怎样做到这么长距离的通信的呢？是发送无线电波来通信吗？

　　不，事实上完全不是。互联网的通信大多是通过有线的方式实现的，比如日本和美国中间虽然隔着一大片海，但是海底也埋着长长的缆线。

　　在海底 8000 米深的地方也埋有缆线。较深的地方，缆线的直径有近 2 厘米。为了防止被海里的鱼类啃食，它的表面会被覆盖上一层保护膜。

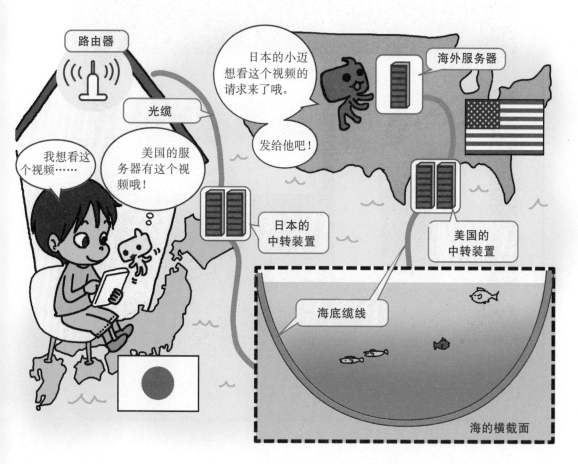

程序小教室

【路由选择】

01. 如果收件人的 IP 地址是自己所管理的号码：
02.   调查收件人连接的是哪一条线路，并给
        那条线路发送信息；[1]
03. 如果不是自己所管理的号码：
04.   通过默认网关发送信息。[2]

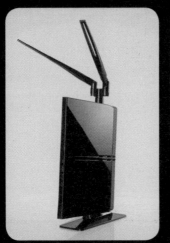

家用路由器

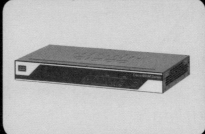

商用路由器

【补充说明】

① 家用路由器管理的号码通常不到 20 个。

因此，决定选择哪条线路发送信息，只需要对 20 行左右的表格进行对比就可以了，并不是什么复杂的事。（类似于单纯地比较 20 次）

商用路由器能管理的数量往往超过 20 个，使用此类路由器可能需要再多下一些功夫。

② 所谓的默认网关，是指路由器在不知道接收地址时发送的地址。

基本的家用路由器从家里连到外面的线只有一根，默认网关会设置在家外边，所以可以利用这根线发送信息。

🖥 小 结

连接互联网的计算机会有一个叫作"IP 地址"的号码，小家伙会通过这个号码来识别通信对象。

IP 地址是路由器分配的。路由器里的小家伙也做着分派数据包的工作。

即使住在日本，只要使用互联网，也可以和全世界通信。其中大部分的通信都是通过埋在海底深处的电缆完成的。

第 7 章

小家伙们之间的
对话

在第 6 章，我们学习了互联网的构造。

相信大家都明白了，即使计算机之间相隔很远，只要依靠海底电缆，就能实现信息的传递。

在这一章，我们来了解一下计算机里的小家伙们是怎么交换信息的吧。

"缰才缰、绸懊え缰〕"大家有没有遇到过像这样让人摸不着头脑的电子邮件或网页呢？

信息交换的时候

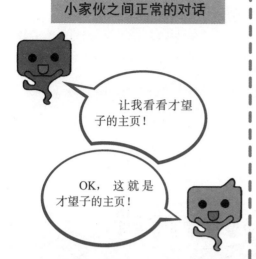

让我看看才望子的主页！

OK，这就是才望子的主页！

让我看看才望子的主页！

"$Bp*(B?$Boq2e!lq`Te!xea(B?$Bea(B?$B#he`(B"

有特定的法则！

🔍 用闪烁的光传递信息

计算机需要怎么做才能传递文字和图像呢？让我们来想象一下计算机里有很多小家伙吧。

我们发出指令后，小家伙会发送一串能顺着电缆一路闪烁的光点。比如，发送"A"这个字母时，光点就会像图片上这样闪烁。

程序设计师们经常用0和1两个数字来表示这是"在发光"还是"不在发光"。这幅图中A的发光方式如果换成0和1来表达，那就应该写成01000001。

用八个0或1组成的闪烁形式一共有256种。这些就足够表示全部的大小写英文字母和多种符号了。

📷 小家伙们的交流法则

　　怎样才能知道这种闪烁方式表示的就是"A"呢？在开始通信之前，小家伙们需要事先约定好许多法则，这些法则就叫作"数据通信规程"。

　　比如字母"n"是用01101110来表示的，但接收方的小家伙要是一不小心把数字排列的方向搞错，就会当成反向排列的01110110，表达的是"v"。所以，该在哪儿断句、数字的排列方向等都需要提前约定好才行。发送方的小家伙和接收方的小家伙如果没有事先商量好，就会在交流信息时出错。图像和视频也是以闪烁的形式传送的。为了使互联网稳定运行，小家伙们需要提前达成共识，确定好法则后，再小心翼翼地工作，这是非常重要的！

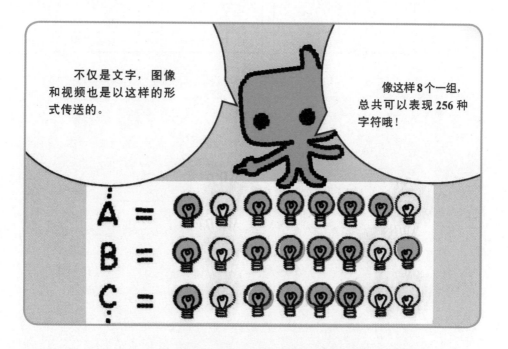

不仅是文字，图像和视频也是以这样的形式传送的。

像这样8个一组，总共可以表现256种字符哦！

A =

B =

C =

⚙ 莫尔斯电码也是一种法则

在计算机诞生之前，相隔很远的人们为了交换情报而想出的法则中，有一种叫作莫尔斯电码。

比如，在动画电影《悬崖上的金鱼姬》（内地上映时译作《崖上的波妞》）中，就有一幕用灯光的闪烁来传达信息的场景，所以可能有不少小朋友都听说过莫尔斯电码吧。

把短时间的亮灯和长时间的亮灯相互组合起来，就能表示文字了。如果把短时间的叫作"点"，长时间的叫作"划"，那"A"就是"点划"，B就是"划点点点"。

莫尔斯电码的示例

字母表		日语		数字		
文字	符号	文字	符号	数字	符号	简码
A	·—	イ	·—	1	·————	·—（和A一样）
B	—···	ロ	·—·—	2	··———	··—（和U一样）
C	—·—·	ハ	—··—	3	·· ·——	···—（和V一样）

👫 致家长朋友们：

【电信网和通信的发达】

莫尔斯电码的发明使得小小的电缆也能传送远距离的信息，比如美国建立的贯穿大陆的电信系统，能在瞬间把在此之前需要乘坐马车花上三天时间才能传达的信息传递出去。

配备电信网以后，关于能否利用这种通信网络进行更高效的信息传递的研究也变得盛行起来。在这股潮流中诞生的就有利用开孔条带输入信息的装置——因为由人来操作按钮、发送信息难以实现高速和高效，所以他们事先以纸带的形式输入信息，再用机器进行信息的发送。

电脑诞生后，这项技术就被改良了。早期的电脑与现在的电脑不同，它们并没有键盘，而是通过读取纸条信息完成程序的输入。在浏览器上搜索"EDSAC initial order"，就可找到剑桥大学公开的早期关于该代码的介绍海报。

二进制和十六进制

　　把信息用 0 和 1 来表现的方法，叫作二进制。但是像 01000001 这样长串的数字只有 8 位，所能表达的信息是有限的。

　　为了表达更加丰富的信息，我们又发明了一种以四个数字为一个单位、每个单位都用一个文字替代的方法，这就是十六进制。

　　为了表示"这是十六进制的符号"，程序员在交流时经常在最开头加上"0x"。

二进制和十六进制的对应表

二进制	十六进制	二进制	十六进制
0000	0	1000	8
0001	1	1001	9
0010	2	1010	A
0011	3	1011	B
0100	4	1100	C
0101	5	1101	D
0110	6	1110	E
0111	7	1111	F

　　如果写作 0xA3FE，那它就像下表一样，可转化为 16 个 0 或 1 连在一起的数字。

二进制	1010	0011	1111	1110
十六进制	A	3	F	E

法则的错乱

计算机里的小家伙们要想交换信息，必须遵循相同的法则。那让所有的小家伙们都遵循同一套法则不就行了吗？这确实是最理想的。可是，人类社会很难在同一个理想状态下运转。

之前介绍的"A 就是 01000001"的法则叫作 ASCII。既然有 ASCII，大家都遵守它不就好了？很可惜，这并不能做到。在确立 ASCII 法则的那一年，当时计算机的一大巨头 IBM 确立了另一种叫作 EBCDIC 的法则。在 EBCDIC 法则中，A 就是 11000001 了，完全不一样吧！

对大公司来说，使用自己制定的法则会比较有利。但是，如果存在多个法则，信息在它们之间的交换会变得十分复杂。过了一段时间之后，ASCII 才成了主流法则。

汉字该如何表示呢？

用 8 个点的亮或灭排列组合形成的表达一共有 256 种。前面提到过，这对于英文的大小写字母和多种符号来说已经够用了。所以，对那些用英语交流的人来说，1 个字符用 8 比特（8 个点）来表示就足够了。

当计算机开始在日本普及的时候，人们发现仅仅在日语中出现的汉字就超过了 256 个，因此，用 8 比特来表示 1 个字符的方法根本行不通。

之后人们就创造了用 16 比特来表示文字的新法则，这样就可以表示 65536 个文字了。

但是十分遗憾，人们也创造出了好多种这样的法则。

中文也有许多汉字，所以中文也有自己的法则。各个国家为了表示自己国家的文字也会制定单独的法则。随着不同国家的人在互联网上相互交流越来越频繁，法则间的转化就变得更为复杂。于是就出现了一种包含了世界各地语言的法则，叫作统一码（unicode），它现在成了主流。

当我们打开很早以前的网址时，偶尔会出现一些让人看不懂的文字。这叫作"乱码"，是由于法则之间转化时发生了错误而产生的。

⚙ 法则正在改变

上一章我们介绍了与 IP 地址相关的知识。实际上，随着计算机越来越多，IP 地址已经逐渐不够用了，我们必须采取手段增加新的 IP 地址。

但是，今天我们使用的法则不能容许直接增加。因为在这个法则中，地址有着被规定好的格式，没有再加长的空间了。所以想要增加新的 IP 地址，我们就必须先制定新的法则。

基于种种原因，新法则的制定不得不花费相当多的时间。就像表示文字的法则一直在改变一样，信息的传递方式也在逐渐转变。

因为法则在不断变化，所以我们要天天学习呀。

程序小教室

【把文章中全角的英文和数字都变成半角】[1]

01. 重复执行第 02 ~ 07 行：

02.　　　如果到了文章末尾，就结束：

03.　　　从文章里挑出一个字节（8 比特），把它的值设为 a：

04.　　　如果 a 不到 128 的话，输出 a，并返回到第 02 行；[2]

05.　　　从文章里挑出下一个字节（8 比特），把它的值设为 b：

06.　　　如果 a 不是 163，输出 a 和 b，并返回到第 02 行；[3]

07.　　　输出 b 减去 128 获得的值（然后再返回到 02 行，并重复执行）。

【补充说明】

① 运行这个程序的前提是输入需符合 EUC-JP 法则。

这个程序不能用半角符号！

由于该程序不能运算 EUC-JP 的辅助汉字（3 字节代码），因此存在辅助汉字时会发生错误，还请谅解！

② 如果数字小于 128，半角字符会用 1 字节表示，因此可以直接输出并进入下一个字符。

128 以上就是 2 字节字符，因此需要接收下一字节后再进行判断处理。

③ 这里来说明一下为什么会突然出现 163 这个数字。

首先，163 是十六进制数字 0xA3 的十进制数字。

而在 EUC-JP 法则中，全角的字母和数字被赋予了 0xA3A1 ～ 0xA3FE 的值。

所以只有第一个字节是 0xA3（163）时，才需将其转换为 0x21 ～ 0x7E，也就是半角的文字代码，并输出。

转换的方法就是，首先跳过 0xA3A1 ～ 0xA3FE 开头的 0xA3（163），变成 0xA1 ～ 0xFE，再减去 128 就能转化为代表半角的 0x21 ～ 0x7F 了。有点像解谜一样呢。

如果出现的是其他的文字，就无需变化，直接输出就好了。

🖥 小 结

现在大家都明白小家伙们之间如何交换信息了吗？

小家伙们处理的信息是用 0 和 1 来表示的。这种 8 比特的组合一共有 256 种，足以用来表示所有的英文字母。

可对于大量汉字来说，256 种还远远不够。含有大量汉字的日语使用的就是 16 比特或 24 比特的法则。

第 **8** 章

听！宇宙在说话

只要使用手机上的地图功能，我们就能马上知道自己在哪儿，真是非常方便！

那么，大家知道智能手机里的小家伙是怎样知道我们在哪儿的吗？

其实，它们使用了来自宇宙的电波。

人造卫星"指路"号

准天顶卫星"指路"号是发射在日本正上空、与地球自转同步、保持相对静止的一颗人造卫星。

我们用智能手机给它发送电波，就可以知道自己的位置啦。

智能手机里的

谷歌地图

使用手机 App "谷歌地图"，就可以马上知道自己现在在哪儿！

▼ 人造卫星 "指路" 号

宝可梦 GO

像《宝可梦 GO》这样需要用到自己位置信息的游戏十分受欢迎。

小家伙能确定你在哪儿！

（图片由 JAXA 提供）

来自遥远宇宙的电波

　　大家有听说过全球定位系统（Global Positioning System，简称 GPS）吗？

　　现在，地球的周围围绕着许许多多的人造卫星。它们的种类各不相同。其中，有三十几颗专门用于定位的人造卫星会发出一种特殊的电波。这种人造卫星就是我们所说的 GPS 卫星。

智能手机中的小家伙接收了来自 GPS 卫星的电波以后，就能判断自己现在身处什么地方了。

🔍 定位是如何实现的？

　　我们究竟该如何通过从 GPS 卫星传来的电波来确定自己的位置呢？大家请看插图。

　　小家伙可以通过 GPS 卫星发送的电波迅速地确定自己所在的位置和时间。

　　虽说电波的速度可以快到秒速 30 万千米，可即便如此，每穿过 1 千米也需要花上 3.3 微秒的时间。

　　比如，下图的男孩子距离 A 卫星比较近，那么，比起来自 B 的电波，他会更快地收到来自 A 的电波。

　　同样，让我们来看看图上的女孩子。我们可以看到她距离 B 卫星比较近，所以她会更快地收到来自 B 的电波。

　　智能手机中的小家伙会准确地算出电波之间的时间差，然后通过计算就可以判断出自己现在身处什么地方啦。

　　这幅图上只画出了 2 颗卫星，但是根据实际地点和高度的不同，也会有同时使用 4 颗卫星的情况哦！

🎬 遥远的 GPS 卫星

　　大家有没有看过一些关于国际空间站里的宇航员进行各种实验的新闻报道呢？

　　说起宇宙，大家可能都觉得距离我们十分遥远。实际上从地面到国际空间站的距离只有 400 千米左右，这与东京和神户之间的直线距离差不多一样。是不是有点意外呀？而 GPS 卫星和地表之间的距离是它的 50 倍左右，这远比地球的直径还要长呢。

　　人造卫星距离地球越远，绕着地球旋转所需的时间越长。国际空间站的运行速度是每小时 28000 千米，约相当于新干线时速的 100 倍，国际空间站以超快的速度围绕着地球旋转，绕地球一圈只需要 91 分钟。GPS 卫星也是以每小时 28000 千米的速度绕地球旋转的，不过它距离地球很远，运动的轨迹也会特别长，绕地球一圈需要 12 小时。

　　日本最近发射了一颗停留在日本上空的准天顶卫星"指路"号，它与地球之间的距离是目前 GPS 卫星的两倍左右。因为"指路"号比其他 GPS 更加遥远，所以它绕地球旋转一周所需的时间更长。它绕地球一圈的时间是 24 小时，这与地球自转的速度几乎相同，所以它会一直处在日本正上方的位置。这颗卫星的发射会使得日本的 GPS 定位准确度更高哦！

卫星到地表的距离不一样？

可能有人会问，GPS 卫星明明都是在距离地表大约 2 万千米的地方绕地球旋转的，怎么还会有近和远的差别呢？

人造卫星虽然都是以地球为中心旋转的，可人是站在地表上的，就像下面这幅图一样。

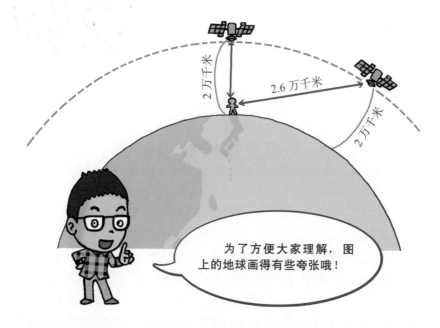

为了方便大家理解，图上的地球画得有些夸张哦！

👥 **致家长朋友们：**

【到 GPS 卫星的距离】

为了更直观地理解差异，这幅图中的卫星的轨道画得会比实际更低一些。其实地球的半径大约是 6400 千米，而 GPS 卫星的轨道高度是 2 万千米，所以即便在 GPS 卫星离地球很近的时候，它也位于地球半径三倍多远的地方。

只能接收电波的小家伙

第 7 章中我们提到了可以通过电波将手机和互联网相连的小家伙们。但现在我们要介绍的小家伙们有些不同，它们只接收来自 GPS 卫星发送的电波。

虽然它们都可以使用电波，但能够联网的小家伙们可以同时做到发送和接收电波，而这次介绍的小家伙只能接收来自 GPS 卫星的电波，不能发送电波。

实际上电波不止一种。不同的场合使用的电波也不是一样的哦！

人造卫星里的小家伙

人造卫星里也有计算机，其中也有很多小家伙在工作哦！比如，人造卫星的太阳能发电板如果不朝着太阳的方向就无法发电，人造卫星的天线如果不朝着地球的方向就无法实现通信，而正是小家伙们维持着太阳能发电板和天线的正确方向。GPS 卫星里的小家伙会计算好此刻的时间和我们的位置，并将其发送给计算机。

在宇宙里进行计算会比在地球表面更难。宇宙中存在许多放射线，放射线一旦碰到计算机就会"啪"地一下产生电流，计算机很容易因此而发生故障。

如果我们想象，在地球表面的计算机内工作的小家伙们是在教室的桌子上进行计算的，那么在宇宙中的计算机里工作的小家伙们就是在森林里一边忍受着蚊虫叮咬、一边淋着雨进行计算的。在这种环境下计算出错也是不可避免的。

所以科学家每天都在研究着如何才能在宇宙中创造出一个能让小家伙们安心工作的环境。现在大家采取的对策大多是一边想尽办法改良计算机本体，一边同时让三个小家伙计算相同的内容，使用表决法——少数服从多数来提高计算的准确率。

【人造卫星使用的微控制器】

同时使用三个小家伙计算，再用表决法决定最终数值的这种机制是在 2005 年发射的人造卫星"明星"上首次被使用的。这个人造卫星搭载了三台在 1995 年发售的微控制器 SH-3。即使三台中的任意一台出现问题，只要剩下的两台正常运转，通过表决的方法也能得出正确的结果。当然，如果两台同时出现故障，这个方法就不能采用了。可是两台机器同时故障的概率实在太小，在这里我们忽略不计。

有人会问，这明明是 2005 年的卫星，为什么现在还使用十几年前的微控制器呢？有以下几个理由：首先，卫星的开发项目本来就需要 10 年甚至更长的时间；其次，旧型微控制器的接线宽度比较粗，因此不容易受到放射线的影响；此外，SH 系列的产品，例如 SEGA Saturn 游戏机使用的 SH-2、夏普 Zaurus 手机使用的 SH-3 和 Dreamcast 游戏机使用的 SH-4，也经常被用在家电产品之中，像这样量产型的微控制器比专门制作的更便宜，这也是选择它的理由之一。

⚙ 地下的定位该怎么办呢？

在地下的话，智能手机就无法接收来自宇宙的电波了。但是在近几年，有越来越多地表之下的地方也可以使用智能手机获取定位了。这是为什么呢？

这是因为设置在地下的移动基站和 Wi-Fi 的连接点正在逐渐变多。

小家伙们接收了从基站或者其他地方发出的电波，就能判断出"如果是这个电波，现在应该就在这个位置"。

程序小教室

【表示现在的位置】

01. 让 GPS 里的小家伙告诉你现在的位置吧；

02. 如果因为现在能接收到的卫星数目太少而无法明确自己的位置的话；

03.   那么接收来自 Wi-Fi 基站的电波；

04.   如果发现三座以上的基站；

05.   那么从电波的强弱计算自己到基站之间的距离，利用来自多个基站的电波算出自己的位置；

06.   如果不是；

07.   那么以"我不知道现在的位置"结束；

08. 把现在的位置在地图上表示出来，结束。

🖥 小 结

相信通过这次学习，大家都明白了智能手机是如何定位的。

我们手中小小的智能手机竟然可以收到来自 2 万千米外人造卫星的电波，真是太惊人了。

当然，能够接收这么遥远的电波的装置，竟然可以缩小到放入智能手机，这也很让人惊叹。

能够把多个卫星和我们手边的装置联合来确定位置的全球定位系统也相当厉害。

虽然这一切看起来那么理所当然，可我们一定要牢记，这是许许多多的人融合了物理、化学、数学等知识才创造出来的财富哦！

第9章

大家一起编写的百科全书

　　很多人都会选择通过网络来查找资料，比如使用起来十分便利的维基百科。

　　那么维基百科是谁编写的呢？

　　其实，它是由成千上万的志愿者们一起编写出来的！

　　让我们来探究一下吧！

纸质百科全书

　　百科全书包含了各种各样的内容。

　　被当作权威的百科全书是绝不允许错误存在的。一本纸质百科全书，需要找各个领域的专家花费大量的时间编写，再经过好几轮的审查才能完成。

百科全书是由来自各个地方的

维基百科

网络版的百科全书则是谁都可以编写，而且马上就可以发布出来的！词条也可以一直增加。

即使在不同的地方也可以随时更新，无论是谁都可以编写，非常方便！

Kintone

这是才望子公司旗下的一款协作软件。学校的编程讲座经常使用它哦！

人们一起合作完成的！

轻松编写百科全书——维基百科

纸质的百科全书需要专家们慎重地编写，因为修改印刷品中的错误，实际操作起来非常麻烦。

和纸质百科全书不同，网络上的维基百科是由大量的志愿者们轻轻松松地编写出来的。

编写日语版维基百科的志愿者大约有 13000 位。

这些志愿者会不断地修正词条。截至 2017 年 12 月 30 日，一共有 109 万条记录。他们使用了我们在第 5 章里讲解过的版本管理系统，哪怕有谁填上了错误的信息，志愿者们也随时都可以将它改正。

🔍 百科全书的规则

虽然谁都可以修改、编写维基百科的内容，但是它也有几条必须遵守的规则。

比如，维基百科既然是一种百科全书，那在它的词条里就只能是真实客观的内容，不能出现类似"我认为是这样"的文字。"我认为"是一种个人主观的解释，不同的人会有不同的理解，而一旦将它写进百科全书里，就意味着它是事实，接着就会有其他人站出来说"这是错的"，最后很可能演变成一场"词条编辑大战"。

所以，编进维基百科的内容不能是你个人的观点，而应该是已经确认过的事实。对于该内容出自哪里的说明叫作"出处"。

在维基百科，写明出处也是一项规则。标明了出处，人们就可以一边想着"真的吗"，一边按这个出处去亲自验证。所以，带有出处的词条才能被称作合格的词条。

🜂 新的交流形式

　　维基百科的每一项词条都有专门供编辑者们互相讨论的页面，他们可以在这里进行各种各样的交流。

　　多亏了互联网，我们才能以这种前所未有的方式互相交流。以前，我们无法将打电话或面对面交谈的内容直接记录下来，写信虽然可以保留文字，但是非常费时间，而互联网的出现带来了像维基百科、电子邮件、网络聊天这样既高速又高效的交流方式。

　　像这样留下文字记录，后来的人就可以看到他们交流的内容。而且这个界面不仅限于两人间的对话，两人以上的交流也可以做到！

把信息归纳在这里吧

通过聊天软件和电子邮件进行的交谈会留下文字信息，这使得我们可以在以后也能重新浏览它们。可这些信息太分散了，阅读体验不够好，如果可以把它们归纳到一个地方就完美了！

就像在公司工作时，我们会将和其他同事讨论的信息分门别类地整理好一样，维基百科也建立了用于总结归纳的页面。

这种可供多人使用的程序叫作群件。因为网络聊天、电子邮件和维基百科都可供多人使用，所以它们从广义上都可以被称为群件。

和维基百科不同，通常各个公司使用的群件并不会公开，所以我们并不能明确知道到底有多少人参与其中。实际上，光是才望子公司制作的群件就有超过 7500 家公司正在使用，也就是说正在使用它的人数全部加起来可能会有几百万哦。

不用聚在一起也能合作

以前，想让几个人合作就不得不事先让大家聚在一起，但现在，大家不聚在一起也可以编写维基百科。

这多亏了互联网带来的新型交流方法和信息总结功能。其实这本书也是作者一边使用群件和其他人讨论，一边在网上编写的哦！

在爷爷奶奶还年轻的时代，员工如果不先到公司或是工厂集合，就不能开始自己的工作；如果家里有婴儿或老人，员工为了照顾孩子或是照看老人无法去公司，就只能辞掉工作！现在，通过互联网就能实现在家里办公，解决了多少问题呀！

多亏了网络，我们今天才能用各种各样的方式工作。

致家长朋友们：

【维基百科可靠吗？】

　　想必有很多人会觉得，既然维基百科的内容是志愿者们编写的，那它的内容肯定不靠谱啊。

　　当然，我们不能完全相信维基百科上的内容，特别是刚刚编写上去、还没有被多少人看到的新词条，这种词条的可信度非常低，因为它的曝光度不够，所以它被其他人检查过的次数也很少。

　　不过从另一方面想，纸质书其实也存在错误。

　　出版社会为其出版的图书制作专门的支持页面，并在这个页面公开书中出现的错误与正确文本的对照表。哪怕是专家编写的书，审稿人在检查时也经常会发现书中存在错误的地方。例如，具有代表性的日文辞典《广辞苑》，2018 年第七版发售后不久，就被人指出书中"岛波海道"词条下的岛屿名字出现了错误，随后出版社为此分发了修正卡。它的修订工作花费了数年之久。

　　人类是会犯错的生物，并没有百分百可以信任的东西。人们正是通过反复修正，让记述的内容渐渐接近绝对的准确。

　　即便如此，我们也有几个提高准确度的技巧。比如看日语版的维基百科的时候，对那些描述文字少的词条，我们要时刻带着怀疑的目光去审视它。

　　如果是我，我会去查英文版的维基百科。因为英文版的维基百科在过去 30 天里活跃的编辑者有 13 万人，大约是日文版的 10 倍，相较之下英文版的更可靠一些。

　　此外，在网上检索信息的时候，也可以把范围缩小到后缀是"go.jp"的政府网站。

　　民间运营商有时候会在网站上登载一些虚假的信息来骗取大量的访问量，但是政府网站比起访问量的多少，会更重视登载的内容正确与否，因此在政府网站上的信息可信度相对更高一些。

程序小教室

【简单的百科程序】

01. 如果出现了"显示页面"的请求；
02. 　　将页面名称传递给数据库，再接收页面内容；
03. 　　将页面内容与 web 浏览器中的书写方式相匹配 (转换为 HTML 格式)；
04. 　　发送转换好的数据，到此结束。
05. 如果出现了"编辑页面"的请求；
06. 　　将页面名称传递给数据库，再接收页面内容；
07. 　　制作用于文本编辑的页面，将初始值作为页面的内容；
08. 　　然后，把既不显示也无法编辑的隐藏数据输进页面；①
09. 　　发送完成的数据，到此结束。
10. 如果出现了"更新页面"的请求；
11. 　　将页面名称传递给数据库，再接收页面内容；
12. 　　如果页面内容与隐藏数据不相符；
13. 　　　　显示"写入发生冲突，请重新加载并重试"，到此结束；②
14. 　　将页面名称和已编辑的新内容传递到数据库并注册登录，到此结束。

【补充说明】

① 我想大多数人都不知道，网页中隐藏着"既不显示也无法编辑的数据"。这次我们利用的就是这些数据。

当我们将看得见的页面内容的数据作为"更新页面"发送的时候，这些隐藏数据也会一起被发送出去。

② 所谓的写入冲突，就是在 a 编辑维基页面的同时，b 也在更新维基页面而发生的数据冲突。

如果无视冲突，一定要用 a 传来的数据更新的话，那么由 b 发来珍贵的修改信息就会直接消失。

为了避免这种情况，发现冲突就必须保留改写内容。当 a、b 间发生这种冲突的时候，网页会将两方的更新内容充分结合起来，再显示"这样可以吗"，但是这个程序并不具有这个功能。

这个程序会将编辑前的内容作为隐藏数据一起发送过来，并将它和数据库的内容进行比较，由此确保不会发生冲突。

💻 小 结

和纸质百科全书不同，维基百科是由大量的志愿者编辑而成的。为了讨论并完善内容，每项词条都设有相应的网页。讨论留下的文字记录使后来的人也能掌握讨论的具体内容。

在公司的工作中，人们也会用到像大家一起编辑维基百科那样能够集中归纳并整理信息的插件，这样的插件我们叫它群件。

多亏了群件的发明，现在我们可以待在家里工作了。

第 10 章

这就是给
小家伙们的指令！

　　住在电脑里的小家伙要干活的时候，没有指令（程序）就动不了。

　　虽然我们互相之间说的是普通话，但要给小家伙下命令，就需要用专门的语言。

　　那么程序到底是什么样的呢？

　　让我们来一起看看真正的程序吧。

C 语言

```
int a = 0, i;
for(i = 1; i <= 10; i++){
    a += i;
}
```

唔　　唔

指导书

程序

机器语言

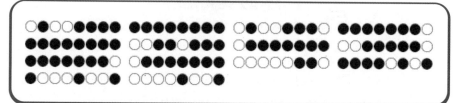

Scratch

抚子

```
カメ作成
6回
    100だけカメ進む
    60だけカメ右回転
ここまで。
```

程序有很多种哦!
可以根据你想做什么,
来选择不同的种类!

汇编语言

```
        MOV AL,0
        MOV CL,1
lp:     ADD AL,CL
        ADD CL,1
        CMP CL,10
        JBE lp
```

Python

```
def start():
    penDown()
    for i in range(6):
        forward(100)
        right(60)
```

有许多种类!

下面的两个图表示的就是能让小家伙干活的程序。现在，我们在电脑上能进行的操作都是靠这样的指令运行的哦。

Scratch 是把指令积木块整合起来进行命令的编程语言。它会通过建立"落笔""重复执行 6 次"等指令积木块，让屏幕上的猫咪动起来。下图中屏幕上的六角形轨迹就是用这样的方法做出来的。

"C 语言"虽然有很多英文字母和符号，但表达的是和 Scratch 内容相同的指令。程序员工作时写的程序都会像这样使用很多英文字母和符号。

将同一个指令用 C 语言表达出来的话，就会变成这样。

⚙️ 编程语言有许多种

Arduino Scratch Processing
JavaScript Python Java
C语言
汇编语言
机器语言

上面举了 Scratch 和 C 语言两个例子。编程语言还有很多种类哦。

以前，人类很难理解这些编程语言。但现在，这些语言逐渐变得让人容易理解了。程序员们根据"想做什么"来使用不同的语言。

🤖 机器语言

首先，让我们来看看小家伙的机器语言吧！

这个程序是一个"计算从 1 开始加到 10"的指令。

机器语言全都用开和关表示。在这里用白圆圈表示开，用黑圆圈表示关。

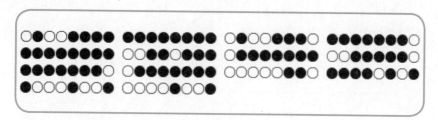

小家伙就是看了这个之后执行指令的。以前，我们是通过不停地打开和关闭开关来输入命令的。

汇编语言

人们要是只使用开和关的组合来写程序，会变得十分麻烦。所以，以前的人们为了程序能写得轻松一点，使用了另一种计算机语言——汇编语言。

要是用汇编语言写"从 1 加到 10"的程序，写出来就是这样。这是把 ADD（加法）、CMP（compare，比较）等命令组合起来做的程序。

```
      MOV AL,0
      MOV CL,1
lp:   ADD AL,CL
      ADD CL,1
      CMP CL,10
      JBE lp
```

这个程序写的是：首先，我们规定 AL 是 0，CL 是 1；然后，我们把 AL 和 CL 相加、把 CL 和 1 相加、再把 CL 和 10 比较，如果 CL 小于 10，就跳转（lp）到第 3 行。

C 语言

汇编语言是为了让人们书写更方便而出现的。为了进一步简化，人们尝试做出了更方便的编程语言，其中一个就是 C 语言。要是用 C 语言写一个一样的从 1 加到 10 的程序，就会像下面这样。

```
int a = 0, i;
for(i = 1; i <= 10; i++){
    a += i;
}
```

"int i" 是什么？

让我们来好好研究一下，下面这张图上的 C 语言程序吧！

比起 Scratch，C 语言中有个让人摸不着头脑的叫 "int i" 的东西。这是什么东西呢？

它就是"变量"。

如果想用这个程序告诉小家伙"重复执行 6 次"的话，得先告诉它："去准备一个写总共几次的地方。"

这个用来写次数的地方，在程序里被叫作 "i"。

我们可以随便给这个地方取名字，比如，叫 "jici"（几次）也行哦。

第 5 行的 "i=0" 是"要在这个地方写上一个 0"的意思，即我们一开始给它设定为 0。

"i < 6" 是"如果写在这里的数字比 6 小"的意思；"i++"则是"给写在这里的数字加上 1"的意思。

这个叫 "for" 的命令则是，如果满足 "i < 6"，就会执行大括号里的命令。

```
void start(void)                    C 语言
{
    int i;
    penDown();
    for (i = 0; i < 6; i++) {
        forward(100);
        right(60);
    }
}
```

"forward(100)" 是什么?

现在我们来讲解一下上一页的插图里出现的程序吧!

里面写着"forward(100)",对吗?这就是函数调用。

用 C 语言写的"forward(100)"和用 Scratch 编写的"移动 100 步"一样,在程序里虽然都只占一行,但小家伙要做很多细微的工作。

比如说"删除掉原来的猫咪""更新猫咪的位置""画一条线""在新的位置画猫咪",等等。我们必须要详细地向小家伙说明,这个"移动 100 步"到底是怎么一回事。

但是,每次都像这样详细地说明太麻烦了,那些经常被使用的指令,我们就把它整理到一起,并叫它函数。

就像下面的例子一样。

> **Forward(x) 是:**
> 　1:规定用 **OLD** 代表**猫咪现在的位置**;
> 　2:删除**猫咪**;
> 　3:将 **OLD** 加上"猫咪前方 x 步的距离",作为**猫咪的新位置**;
> 　4:从 **OLD** 开始,往**猫咪的新位置**连一条直线;
> 　5:在**猫咪的新位置**画上猫咪;
> 　6:把**猫咪的新位置**作为**猫咪现在的位置**。

像这样给函数下一个定义,只要在程序中写上 forward(100),就可以调出这个函数并且使用它啦。

实际上在前文介绍过的 C 语言的程序中,还有一个函数,叫作"start"。我们能看到 Scratch 程序第一行写着"当▷被点击",但是我们好像没有在 C 语言的程序中找到与其对应的代码呀?其实,那个代码在别的地方,程序员把它设计成"当▷被点击"时,就等同于开始运行 start 函数了。

JavaScript

JavaScript 是在浏览器（显示网络页面的程序）上被使用的编程语言。

大家能够上网，可多亏了浏览器里的小家伙们努力地按照用 JavaScript 编写的程序执行指令。

```javascript
function start() {
  penDown();
  for(var i = 0; i < 6; i++) {
    forward(100);
    right(60);
  }
}
```

```javascript
const start = () => {
  penDown();
  for(let i = 0; i < 6; i++) {
    forward(100);
    right(60);
  }
};
```

JavaScript 的程序风格看起来有些像 C 语言。随着人们不断改善，我们可以看到它与以前的不同之处。

Python

Python 曾在 2017 年获得了编程语言人气第一名。

在 C 语言和 JavaScript 中，我们使用大括号来表示区块，但在 Python 里，我们用首行缩进来表示区块。

虽然 C 语言和 JavaScript 把缩进做得很工整，但其实就算没有缩进，程序也能运行。在编写的时候使用缩进，其实是为了让程序员能够看得更清晰明了。可是在 Python 的编写中，如果没有工整地缩进，整个程序就运行不了。反过来说就是，能够成功运行的 Python 程序，缩进一定很规范。现在，人们为了读起来更轻松，把缩进作为一种规则，而不只是"礼仪"。

```
def start():
    penDown()
    for i in range(6):
        forward(100)
        right(60)
```

Java

Java 是一种使用十分广泛的编程语言，在安卓系统上运行的程序就是用 Java 写的。

虽然 Java 和 JavaScript 名字很像，但它们是两种编程语言哦。Java 的程序看上去和 C 语言的几乎没什么不同，这里就省略啦。

Processing 和 Arduino

以上介绍的编程语言是把文字排列起来做成程序，Scratch 则是把区块组合起来做成程序。但是，在"专业"先生的眼里，这并不是它们本质的区别。

比起这个更大的差别是，除了 Scratch 以外，编程语言编写程序所用的道具和执行程序所需要的环境都不同，如果不好好准备事前工作，程序就运行不了，这点让人很头疼。

最近，程序员们工作时，更多地用到集成开发环境（IDE），它可以把编写程序所用的工具和运行程序所需的环境整合起来，比如 Visual Studio、Eclipse、PyCharm 等。Scratch 就是自带集成开发环境的编程语言。

Processing 也是一种自带集成开发环境的编程语言。人们为了在电脑上处理图形时更轻松，将它的功能特殊化，变成了专门针对图形设计的编程语言。

Arduino 也是同样，人们为了更轻松地编程，将它简化成了非常便捷的编程语言。

抚子

会不会有人有这样的疑问："编程语言全部都是英语的吗？"
也有一些编程语言是用日语写就的，其中一个就是"抚子"。
如果用抚子写和 Scratch 类似的程序，就会像下面这样。

カメ作成（小乌龟成像）
6回（6次）
　　100だけカメ進む
　　（小乌龟前进100）
　　60だけカメ右回転
　　（小乌龟向右转60度）
ここまで。（到此为止。）

因为这一章中出现了好多程序，这次"程序小教室"栏目就休息一次啦。拜拜。

第 **11** 章

学哪种编程语言更好呢?

在第 10 章，我们学到了很多种编程语言。

但是，现在的编程语言等到小朋友变成大人的时候还能用吗?

接下来，我来向大家介绍一些需要提前知道的知识吧。

 YouTube

让我们参考优兔（YouTube）的例子，来区分编程语言的使用方法吧!

 无须烦恼，

📷 如何选择编程语言？

　　程序员们会根据各种不同的目的，分类使用多种不同的编程语言。

　　就拿播放视频的 YouTube 来举例吧！

　　人们用 C、C++、Python、Java、Go 等编程语言，给在服务器中工作的小家伙们写指令。

　　我们用电脑的浏览器观看视频时，浏览器里的小家伙会按照用 HTML5 和 JavaScript 写的指令进行工作。在智能手机和平板电脑的浏览器上观看视频也是一样的。

　　但是，YouTube 专用的手机 App 则是用 Java 和 Swift 写指令的。

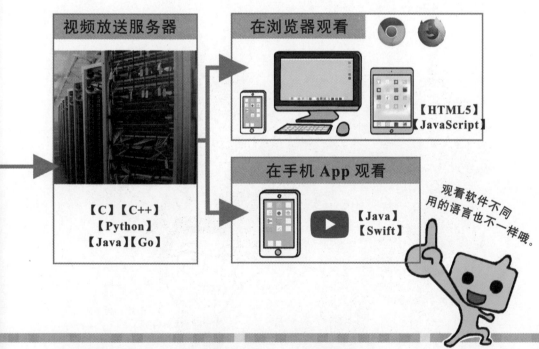

让我们开始尝试一下吧！

对于在不同地方工作的小家伙，我们要用不同的语言书写指令。

所以，只学会某一种编程语言，是做不到完美的。

程序员们都是学了很多编程语言，根据不同目的使用不同语言的。

⚙ "诸行无常"的编程语言*

也许有人想问，学哪门编程语言对将来最有帮助呢？

其实，编程语言是不经意间就会消失的，我们谁也不知道 10 年后会变成什么样。打个比方，现在 YouTube 使用的是一种叫 HTML5 的编程语言，不过 2005 年 YouTube 刚刚创立的时候，使用的却是 Flash。

* 诸行无常是佛教用语，指事物的变化和新生会一直存在。

而制作 Flash 的公司在 2017 年就已经声明"会在 2020 年终止服务"。

　　在 2005 年用 Flash 制作了 YouTube 的人会不会想到仅仅过了十几年，就没人用 Flash 了呢？

　　谁也没法预料明天会怎样，如果有人说"只要学会这门编程语言，未来就会一直成功"，我们别去相信呵。

　　所以，比起思考学哪门编程语言对将来更好，我们还是首先思考自己想创作的东西，然后为了想创作的东西来学习语言吧！

　　这是"专业"先生给小朋友们的建议哦。

 ## 编程语言只是一种工具

　　编程语言只是一种工具。所以最好的使用方法是自己先有想创作的东西，然后考虑："为了创作这个东西，我需要用到哪些工具呢？"再进行选择。

　　但也会有很多人因为编程很流行，就觉得："虽然我还不确定想做什么，但我想先试试编程！"

　　然而，当程序员们听到别人问他们："我想学编程，请问这个语言和那个语言哪个比较好呀？"会觉得这个问题就类似于："我想学木匠，请问锯子和锤子哪个好用一点呀？"

　　他们会说，要看你想做什么，才能决定哪个编程语言好呀。

一开始其实哪个都可以

如果你还在犹豫，纠结哪个编程语言比较好，那么先随便选一个试试也可以呀，朋友正在用的编程语言、崇拜的人用的编程语言、在学校学的编程语言等都可以哦。

不论学习哪门编程语言，都会对学习其他的编程语言有帮助。与其纠结学哪个好，最后什么也没做，不如先不要想太多，将各种语言都稍微学一点再考虑吧！

学习第二门语言

如果你已经掌握了一门编程语言，并且可以用它进行各种各样的编程，那么就可以开始尝试学习第二门编程语言了。你还可以通过比较两门编程语言，理解它们的异同。两种编程语言之间相通的地方说不定和 10 年后还在用的编程语言也是相通的呢！

比如上一章提到过的"函数"，在这一点上，C 语言、JavaScript、Python 都是共通的。虽然 Python 看起来有点儿不一样，但其思维逻辑是一样的。程序员们使用的大部分编程语言都是虽然看上去不太一样，思维逻辑上却有很多相同点的。

还有极少数非常独特的编程语言，比如 Viscuit、Alloy、Coq 等，小朋友们也可以接触一下试试哦。

像这样接触不同的编程语言，了解它们的异同，就能提升学习编程语言的能力。提升这种能力是非常重要的。

编程语言是人类创造的

编程语言全部都是由人类创造的。也就是说，人们出于某种目的，创造了编程语言。

虽然有时候是因为"想试着做一下"和"看起来很有意思"，但大多数时候人们的目的是"想变得更轻松些"。

在这个世界上生活的人们都在为了活得更轻松而努力。

只是，关于想把什么变得更轻松、怎么才能变得更轻松，大家的想法都不太一样。

有的人想快速地编写程序，有的人想轻松地做出华丽的计算机动画（CG），有的人想轻松地做一款游戏。

正因为人们想做的事丰富多彩，才有了千姿百态的编程语言。

致家长朋友们：

【请小心那些认为某种编程语言一定好的人】

孩子也好，大人也好，世界上认为最开始学的编程语言非常重要的人不在少数。

而"应该学哪种编程语言"这个问题是没有正确答案的。

正因为没有正确答案，我们或许会因为担心自己的选择不正确而感到不安。然后，有人就会为了迫使自己相信自己的选择是正确的，而贬低别的编程语言，或是向他人"传教"自己的选择有多么好，以此来增加和自己想法一样的人。

这种人会断言："学这个编程语言一定没错。"所以他们可能会比那些回答"没有正确答案，要看具体情况和目的"的人看起来更有自信、更值得信赖。但请警惕这点。

程序小教室

【二分查找】

01.　a ← 1；

02.　b ← 100；

03.　从第 04 ～ 08 行重复执行；

04.　　　计算 c ←（a+b）÷2，舍去小数点后数字；

05.　　　若第 c 个数字和 x 相等，答案为"第 c 个"，

　　　　结束；

06.　　　若第 c 个数字大于 x，b ← c−1；

07.　　　若第 c 个数字小于 x，a ← c+1；

08.　　　若 b 小于 a，显示"未找到"，结束。

　　　（返回到第 04 行，并重复执行）

这次的内容和正文没什么联系，只是"专业"先生尝试写了自己喜欢的程序。

【二分查找】

　　这个叫作"二分查找"的算法（运算法则），可以从 100 个按照从小到大的顺序排列的数字中，找出数字 x 在第几个。

　　用这个方法在 100 个数字里找的时候，最多重复 7 次就可以找到，而如果用普通方法就可能要找 100 次。是不是这个要厉害多了？

　　如果要从 100 万个数字中查找，最多重复 20 次就能找到了。是不是很棒？

　　之所以能进行得这么顺利，是因为它会从这个范围里取中间数进行比较，不断缩小范围。

　　① "←"这个记号表示，计算出记号右侧的数值，并赋值给左边的变量。

小结

　　编程语言是一种工具。所以最好的使用方法是自己先有想创作的东西，然后考虑"为了创作这个东西，我需要用到哪些工具呢"，再进行选择。

　　程序员们都是根据不同目的使用不同编程语言的。

　　编程语言是会不经意间就消失的。谁也不知道 10 年后会变成什么样。

　　与其纠结学哪个好，不如先将各种编程语言都稍微学一点再考虑吧！

　　这其实是一条捷径哦。

第12章

别怕失败!

怎样才能学好编程呢?

关键在于自己动手去做,并在失败中寻找原因,然后才能慢慢进步。

如果只是干巴巴地读书,或者只是听老师讲,是学不会编程的哦。

编程教室

最近,在各地开展的面向儿童的编程教室和编程讲座受到了大家的热烈欢迎。才望子公司也以研讨会的形式开设了面向中小学生的编程教室。

编程中

📷 学编程只要学习就够了吗？

编程这门课和在学校里学习的其他课程还是有点儿不一样的。

大家学历史和语文的时候，都有标准答案，对吧？一般都是老师把课本上写的东西教给我们，我们再把它记住。

但是编程不一样，就算你把课本背得滚瓜烂熟，记住老师说过的每一句话，也不代表你就会写程序了。

大家有没有在手工课上做过一些小东西呢？要创造一个东西，让自己的手动起来是最重要的。编程就很强调动手能力。

反过来说，也并不是一定要按照课本上写的东西去做。如果有想做的东西，那么按照自己想的去做就可以了。

大家在更小的时候有没有画过蜡笔画、捏过黏土呢？

没有标准答案！

一边做着自己想做的东西，一边进行各种尝试，慢慢地，动手能力就会变强啦。

编程也是一样。自己动手，尝试给小家伙下达各种指令，渐渐地你就能让小家伙们出色地完成工作啦。

🤖 一点一点去尝试

生活中有很多能给人带来方便的东西，我们可以只使用那些已有的东西，但是，偶尔也会出现"有些事我想做，可是只有我自己好像又做不到"的情况。这种时候，独立解决问题的能力——也可以说创造这世界上没有的新东西的能力是很必要的。

比如说制作布娃娃的时候，我们不用想着全部都要自己完成，只是在已有的东西上稍微加点装饰也是可以的。毕竟就算是专业人士，也不是亲手织布的，他们也只是把布和棉花组合起来，通过裁剪或缝合，做成自己想要的样子的。

专业人士也要每天经历失败和修改

如果我们要挑战新东西，就肯定会经历失败。

但是，经历失败是非常重要的。因为这可以让我们思考这次为什么失败，怎么做才能让它成功，由此提升我们分析失败原因的能力。拥有找到失败的原因并对它进行修正的能力是很重要的哦。

我们程序员的工作也一样，每天都要经历无数次的失败和修改。不过，失败绝对不是一件坏事！

大家有没有在电视剧里面看到过程序员一鼓作气写好程序并成功运行的剧情呢？那几乎是不存在的。如果不是特别简单的程序，是几乎没法一下子就写出来，然后成功运行的。

程序没有按照预期运行的时候，我们把没有成功的理由叫作bug（漏洞）。专业人员会花很多时间来查找 bug。

接下来我就来说明一下查找 bug 的技巧，一定会对大家有帮助的。

小段小段地写

几乎没有一下子就写出程序然后成功运行的情况。

要从已经写了很多的程序里面找出 bug，十分麻烦。

所以，我们试着小段小段地写程序，然后运行。

在我们确定小程序能够成功运行之后，就可以一点点地进行改良了。

查找 bug 之旅

有时候，我们只是多加了一点功能，程序内容就会变多，甚至无法运行。这种时候，我们要深入探索"它能成功运行到哪儿"。比如说，不知为何程序什么都没有显示就终止了，应该怎么办呢？这时候，让我们试着在程序的中心区域，写上让它显示"hello"的命令吧。如果显示出了"hello"，那我们就可以得知，程序直到"显示'hello'"这一步都是可以成功运行的，那么 bug 就出现在后半部分；如果没有显示出"hello"，那 bug 就在前半部分。像这样一半一半分开处理，就可以找到bug所在的位置了。

致家长朋友们：

【猜想、验证、探寻】

由于后一种情况也存在"让屏幕显示"这个命令本身没有按照预期运行的可能性，因此需要确认显示命令是能够按预期运行的。我们可以通过重复以下三件事来查找 bug：猜想为什么会出现这种情况，思考怎么才能验证这个猜想，通过验证结果缩小范围、继续查找。

回顾历史记录

较小的程序在寻找问题时会更容易。所以，我们在较大的程序里发现问题的时候，可以慢慢排除似乎没有问题的地方，把它还原成一个较小的程序。

如果觉得把好不容易写好的程序删除会太心疼，那么先把这个大程序复制一份到别的地方就可以了。

我们先慢慢排除没有问题的地方，知道 bug 所在的位置之后，再回到大程序里修改就可以啦。

在第 5 章，我们提到了版本管理系统。如果能把过去的程序都保存起来，删除的时候就可以放心了。在发现有什么问题的时候，因为保存过历史记录，我们就可以回顾历史记录，确认问题是从何时开始出现的。

⚙ 步骤执行

也有让程序一步步执行的方法，叫作步骤执行。

依据个人习惯，可使用集成开发环境、调试器等各种各样的工具进行步骤执行。

通过步骤执行来一步一步运行程序，可以看到程序是怎样运作的。它是个非常方便的工具！

🔍 区分事实和想象

很多人写程序时，都有觉得"这个变量的值一定会变成这样"的时候吧。但是，这只是自己的猜测，我们应该去确认事实到底如何。变量的值显示出来之后，有可能和自己猜测的相差甚远。

程序为什么没有按照预期运行？因为"我们认为程序里会发生的"和"程序中实际发生的"不一样了。我们应该好好区分什么是自己的想象，什么才是事实。最重要的是一步一步确认事实究竟如何。

才望子公司把这叫作"区分事实和想象"，不仅是程序员，全部职工都要时刻注意这一点。

程序小教室

【合并排序】①

01. 将想要排序的数据列从正中分开，变成两个数据列；

02. 如果被分成一半的数据列长度大于 1；

03. 　　对它们从头执行"合并排序"程序，按从
　　　　小到大的顺序排序②；

04. 将用于保存排序结果的数据列 res 初始化为空；

05. 重复第 06 ～ 10 行；

06. 　　如果两个数据列均有数据；

07. 　　　　将两个数据列开头的数据进行比较，
　　　　　　取较小的一方，添加到数据列 res 的
　　　　　　末尾，并保存排序结果；
　　　　（在此返回第 06 行重复执行）

08. 　　如果一个数据列有数据，另一个数据列为空；

09. 　　　　从非空数据列的开头取一个数据，添加
　　　　　　到数据列 res 末尾，并保存排序结果；
　　　　（在此返回第 06 行重复执行）

10. 　　如果两个数据列均为空，结束。

这次的内容也和正文没
什么联系，是"专业"先生
试着写的自己喜欢的程序。

① 　排序是指对数据列按照从小到大的顺序进行排列整合。如果把数据预先整理好，那么就能使用前面提到的二分查找，在众多的数据中快速寻找到我们要的数据了。对于如此重要的排序，人们已经想出了各种各样的做法，本次只介绍了其中的一种哟。

　　合并排序的程序算法，其实是一种厉害的本领。这个本领就是高级技巧"回归"！

② 　这样做一般会被看作循环失败，但这个程序中，如果数据列不停地被分成一半，总有数据列长度变成 1 的时候，这时，循环就会停止，就可以成功运行。合并排序的好处就在于，假设首先传递了长度为 100 的数据列，将其分成 50 和 50，再将其分成 4 个 25，然后可以将这 4 个排序分工给 4 个小家伙完成。分工之后，小家伙就不必和其他小家伙商量，而可以集中精神做自己那份工作，总的工作就可以被简单地以最快速度完成。这样就形成了 4 个排过序的数据列。然后，由 2 个小家伙整合成 2 列，再由 1 个小家伙整合成 1 列，这样就完成了。

💻 小 结

　　想要掌握编程只靠读书是不够的，小朋友们要勤于动手，从失败中学习知识。

　　读完这本书，相信大家已经大致了解了编程。那么下面就轮到小朋友们动起手来，自己做东西啦。

　　如果身边有懂编程的人，可以试着听一下他们的建议哦。如果没有的话，就试着自己上网搜索学习吧。如果想找到年龄相仿的小伙伴或懂编程的大人，就找找看附近和计算机有关的地方吧！然后再自己尝试做出新的东西来。这是培养创新能力唯一的方法。

致家长朋友们：

【如何激发孩子的动力？】

学习编程时，最重要的就是多挑战、多失败、反复试错。如果给孩子施加"必须做对"的压力，孩子就说不定会害怕，甚至遇到一次失败就很难过。我们要激发孩子的热情，让他们能够充满勇气，安心地迎接各种挑战。

如果问怎样激发孩子的热情，我认为找一个旗鼓相当的对手是个不错的办法。在我自己运营的社区里，能力差不多的中小学生们相聚在一起，会热情高涨地讨论。如果有人做了个游戏向伙伴炫耀，大家就会"噢噢"感叹着开始玩。然后有人会问"这个是怎么做的啊""这个地方看了程序也不懂"，大家一边讨论一边互教互学。几天后，就会有别的小朋友展示自己做的游戏。展示欲和求知欲形成一个循环，大家会很快地上手。就算没有老师这样的角色，就算大人不去故意制造动机，只要有合适的对手，孩子就会迅速熟练起来。

在这里也反过来说说不好的方法。假设孩子自发地做了新东西，有的大人看到之后会说"做这个对考试没帮助""你还是照课本上写的东西好好做吧"，这样会直接毁掉孩子好不容易萌芽的创造力。照着课本去做的能力和创新能力，哪个更重要呢？我们认为是后者。这种把新的构思转换成成果的经验，在将来孩子面对不得不创新的情况时，会成为他们的心灵支柱。将目光放长远是非常重要的。

而看到孩子做的小东西后，有的大人会说："这个东西已经有了。"大人活得比孩子久，掌握更多信息，但直接指出来的做法过于简单。过去谁做出来了某个人尽皆知的东西是成功的事例，孩子在不知道的情况下做出了和成功的例子非常相像的东西，这难道不是很棒吗？伴随着成长，孩子会不知不觉地掌握查询别人成功案例的能力，但"我能创造出新的东西"的自我肯定意识是难以在后天培养的。

孩子创造出新东西的时候会有动机。虽然外表和既有的东西很像，但内在有很大的不同。基于自己的动机创造东西和持有已有的东西有着根本上的差别。虽然现在在大人看来，做出来的东西并没有那么厉害，但只要呵护并培养孩子刚刚萌芽的创造力，将来它就会转变为做出伟大作品的能力。

这是才望子公司开展的课程"孩子们的研习会 for kintone 你也能做到！系统开发"的现场。孩子们正在向同年龄段的其他参加人员演示、介绍自己的发明。

如果要找一个能让孩子们遇到同龄小伙伴的地方，在全日本123 个地方（截至 2018 年 2 月）均有分布的 CoderDojo 非常有名。CoderDojo 是在各地由有兴趣的志愿者运营的编程俱乐部。如果在你家附近没有的话，你也可以自己召集有兴趣的人建立一个新的。这样的编程俱乐部以后也会不断增加吧。

想要进行线上自学的话，可以去找一个叫 Progate 的线上编程学习网站。想必像这样的学习网站以后也会不断增加吧。与其烦恼选哪个好，不如抱着随便学学的心态选一个试试。如果有能力，可以再体验下一个，从而做出比较。

请家长们一定要给孩子们加油打气，让孩子们充满动力，不断探索！

【CoderDojo】https://coderdojo.jp/ 【Progate】https://prog-8.com/

各章节概要

第 1 章 "程序"是什么？

本章主要介绍什么是程序。本书整理自关于编程的连载文章，所以从这个问题开始。

第 2 章 电饭锅里也有程序在运作？

为了让大家切身感受到程序，本章说明了电子产品几乎都是通过程序来运作的这一事实。说到程序，可能会给人一种只在电脑和智能手机的应用软件上才被使用的印象，其实并非如此，生活中方方面面都涉及程序，程序员们也活跃在各种各样的领域中。

第 3 章 商店的大功臣！收银机里的程序

在第 2 章我们以电饭锅为例，介绍了程序代替人类做饭的事情。但是，我们使用计算机不仅仅是因为它可以代替人类，还因为计算机有时候比人类做得更好。本章通过条码收银机来证实了这一点。

有了条形码，人们就不再需要在商品上贴价格标签了，因为收银机会记住这种商品的价格。不仅如此，人们也不再需要手动输入价格，因为收银机可以通过条形码快速准确地读取价格。

计算机的错误率远低于人类，收银机并不是代替了人类，而是超越了人类。在实现这个目标的过程中，程序发挥着巨大的作用。

第4章　智能手机中的小家伙们

如果能看明白智能手机的规格表，大家肯定会夸奖你说："好厉害！"我们就是以此为目标来撰写本章的。同时，我们也向大家介绍了手机的组成部件。

第5章　点它就可以回到过去！

这一章介绍了撤销功能。Undo 是一个没有计算机就不会出现的大发明。计算机不仅能比最厉害的人工作得更好，甚至还能做到人不可能做到的事，而这一切都是在程序中产生的。为了让大家注意到这一点，我们选择了这个主题。

当然，电脑不是万能的。它们还有很多方面是不及人类的，如果人类和计算机能各司其职、彼此协调，那么一定会造就一个很完美的世界。

第6章　连接世界的互联网

如今，网络已经深入我们的生活。人们每天都在不经意间与网络打着交道，但是很少有人留意它的内在结构。其实网络是由很多技术组合而成的，这一章我们就给大家介绍这些内容。

当我们使用智能手机时，也许大家都会认为网络以无线通信为主，但事实上，网络是以有线通信为主的，"世界是用线连在一起的"。顺便说一下，"世界是用线连在一起的"正是本章连载时的标题。

第7章　小家伙们之间的对话

在第6章我们介绍了网络是由很多电脑连接在一起形成的。但是，只是把线连在一起，网络是无法形成的，各地的电脑需要遵从同样的法则（协议）才可以。

程序员写程序必须遵从法则。但是另一方面，如果想解释清楚互联网法则，必须具备一定的基础知识才行。在本章，我们用简单易懂的例子说明了它们。

第8章　听！宇宙在说话

智能手机里有各种各样的程序在运行，但是很多人都不知道它们是怎么运作的。在孩子中很有人气的《宝可梦 GO》所使用的 GPS 技术，实际上是借助远距离人造卫星的电波实现的。是不是很厉害呀？

另外，发射火箭、制造 GPS 系统所需的技术，正是从学校教授的化学、物理、数学以及今后必修的信息科学而来的。

第9章　大家一起编写的百科全书

我觉得维基百科的结构也是计算机领域的大发明。与"不能弄错，要反复确认、慎重对待"的传统做法相比，维基百科的做法是，"错了的话恢复原状

不就好了嘛"。这一想法基于简单复原机制，大量的信息因而高效聚集起来。

对于一时的错误，坦荡地接受，这才是取得成功的关键。大家不觉得这是个值得深思的问题吗？

第 10 章　这就是给小家伙们的指令！

通过比较多种编程语言，寻找相似的和不同的地方在哪里，我们相信这对学习很有帮助。不过，如果从第 1 章就开始讲 Python 和 Java 的比较，一个个介绍编程语言，效果应该不会太理想，小学生也接受不了吧。

孩子们从日常经验出发很难对抽象的编程语言进行比较。

在电脑中运行的程序、在智能手机中运行的程序、在微控制器中运行的程序、通过互联网交换数据的程序、在服务器中运行的程序……程序运行的环境多种多样，人类对编程语言的要求也多种多样，所以我们有很多编程语言。

为了得到大家的认同，我们做了很多铺垫才写下了这一章。

第 11 章　学哪种编程语言更好呢？

我们在第 10 章中介绍了编程语言，但可能会有人问："这么多种编程语言，又这么复杂，到底学哪个好呢？"其实我们也不知道。根据你想做什么样的程序，会有不一样的答案，而且我们根本就不知道在大家成为大人的 5 年后或 10 年后，什么样的编程语言才是主流。

所以，与其浪费时间去纠结学什么，还不如先去学一个现有的编程语言再说。

想做的事情将来可能会变，编程语言也可能会消失，如果真是那样，那再去学一个别的编程语言不就行了吗。学会一种，再学另外一种就没那么难了。我们写这一章正是为了告诉大家这个道理。

第 12 章　别怕失败！

在电视剧和电影里面，大家也许看到过天才程序员以飞快的速度写好程序并成功运行的剧情。但是实际上这样的情况很少。我们写程序时也会出错，纳闷为什么错了、哪里错了，每天都在这种情绪下修改程序。而且不仅仅是刚开始编程的时候这样，直到现在我们也是这样。

出错并非坏事。只要能在截止日期前做好程序，之前出多少错都没有关系，也根本不存在因此就被减分、被当成笨蛋的情况，因为根本没人在意这种事，倒是因为担心失败而过度小心，以至开发滞后的后果才更严重。

屡败屡战、百战不殆，只要最后一次成功，就万事大吉了。像编程这样允许出错的领域并不多，我们相信失败乃成功之母。

插图：齐藤惠
编写：今给黎美沙、吉田麻代
照片提供：每日新闻社、共同通信社

后 记

　　本书是以面向中小学生的新闻学习杂志《读懂新闻》（每日新闻社发行）的连载《程序设计是什么》为基础改编的。插图丰富、语言简明是本刊的特征。本刊在介绍这些非常专业的编程基础知识的同时，也希望能让没有体验过编程的孩子对编程产生兴趣。

　　这个连载是以才望子的IT教育相关报道为契机开始编写的。在总结里它提道："比起了解编程语言，发现问题、解决问题的能力更为重要。"我确信这是培养人工智能时代所需能力的优秀连载。该连载是由才望子编辑部，椋田亚砂美小姐，程序员西尾泰和先生、川合秀实先生（本书提到的"专业"先生就是这两位）和本刊编辑室的两位工作人员负责的。在最初商谈时，"培养人工智能时代所需能力"的理念并没有得到共享，不过，想到他们是最优秀的程序员和报社的编辑，这对他们来说想必是理所当然的吧。

　　在那次商谈之后，两位专业人士像是对待将来的工作伙伴一样，把想到的东西接二连三地发给了我们，这也为我们出书提供了大量充实的文章，也正因为他们平时就在教导十几岁和二十几岁的未来程序员们，我们才能准确地抓住重点。

　　本书与一般编程教育相关的书籍不同，我们将编程语言的介绍放在了最后，展示更多的是具体的机器（硬件）。之所以如此重视展示现实社会的信息，是因为我们觉得，如果以当程序员为目标学习编程，最重要的是能够想象每一项技术在现实社会中会被如何使用。

　　应该学"什么"？正确答案不止一个。

　　这是专业人士给那些"想要成为程序员"的同学的箴言。根据每个人具体想要做"什么"的不同，每个人需要学习的内容都是截然不同的。在编程中，由新的想法衍生出的可以做的事情也在不断增加。仅仅是牢牢记住那些已经写在书上的东西，是无法在下一个时代有所突破的。

大家通过这本书明白人工智能时代所需要的能力是什么了吗？那就是：不怕失败地进行挑战；动动手，用自己的大脑思考；和新伙伴组成团队时灵活应变。参与制作本书的项目后，我们更切身感受到了这些能力正是"未来所需之力"。当然，我们也不能忘记学无止境。

虽然是"未来所需之力"，可现代社会也同样需要这些能力。现在已经不是以前那个一技之长受用终身的时代了。与那些只有一小部分专业人士才能掌握的高端技术或是一味收集情报的做法相比，只有汇聚大量的智慧和力量，大家齐心协力，才能创造出更大的价值。

我们相信，以这个理念为初衷写出来的书将来一定能对那些以专业程序员的身份支撑着新时代运转的人们有所帮助。不仅如此，这本书对于那些虽然不是程序员，但正在作为社会大家庭的一员创造未来的人们，同样也能为他们在成长的道路上提供帮助。

与才望子各位的相遇，对本刊和我个人来说都是一笔很大的财富。在此，我想对能够在百忙之中抽出时间完成这一项工作的椋田先生、西尾先生、川合先生，还有画了许多极富魅力的插图的插画师齐藤惠先生、书籍设计师油井久美子小姐、每日新闻出版的名古屋刚先生，以及我的同事横田香奈小姐，再一次表达我发自内心的感谢之情。

《读懂新闻》总编辑
小平百惠